U0189241

一天一花园
A Garden A Day

［英］露丝·奇弗斯　著

燕子　译

中国科学技术出版社

·北 京·

图书在版编目（CIP）数据

一天一花园 /（英）露丝·奇弗斯著；燕子译 .

北京：中国科学技术出版社，2025.1. -- ISBN 978-7 -5236-1071-8

Ⅰ . TU986.2

中国国家版本馆 CIP 数据核字第 2024VM3947 号

著作权合同登记号：01-2024-2673

策划编辑	王轶杰
责任编辑	徐世新　王轶杰
封面设计	中文天地　周伶俐
正文排版	中文天地
责任校对	邓雪梅　吕传新
责任印制	李晓霖

出　　版	中国科学技术出版社
发　　行	中国科学技术出版社有限公司
地　　址	北京市海淀区中关村南大街 16 号
邮　　编	100081
发行电话	010-62173865
传　　真	010-62173081
网　　址	http://www.cspbooks.com.cn

开　　本	710mm×1000mm　1/16
字　　数	352 千字
印　　张	23.5
版　　次	2025 年 1 月第 1 版
印　　次	2025 年 1 月第 1 次印刷
印　　刷	北京瑞禾彩色印刷有限公司
书　　号	ISBN 978-7-5236-1071-8 / TU·128
定　　价	128.00 元

目 录

序 言

右图：这座名为逝去的花园（参见第270页）总是掩映在一种神秘的氛围中。

下图：西班牙艺术家塞缪尔·萨尔塞多设计的人面雕塑作品"雨滴"，位于法国埃特尔塔花园（参见第88页）。

近年来，出户即可亲近大自然的重要性愈加凸显。在你居室外的一座花园里拥有一小块属于自己的花园自然可谓妙不可言。无古不成今，在千百年来世界主要文化的传承中，花园构建总是匠心独具，风情万种；但作为人工培育的主要室外空间，花园又兼具一个共性：为生活在一个无法驾驭的世界的人，提供逃遁刀光剑影之田园，沉思入定或放飞心灵的桃花源。何为一座花园？花园具有什么功能？花园中都有哪些植物？我们为什么要建造花园？在为本书遴选花园的过程中，诸如此类的问题不断浮现脑际，颇费思量。事实上，所有花园都出自人的双手，即使是那些看似完全没有人工雕琢痕迹的花园也都是人巧借了大自然鬼斧神工般"干预"的天

6

上图：花舍小屋（参见第58页），位于英格兰肯特郡邓杰内斯海滨小镇，属于德里克·贾曼的遗产，花园内布满五颜六色的植物，园中四处点缀的燧石和漂流木与邓杰内斯宽阔的卵石海滩相辉映。

对页图：永恒的维尼亚纳杰奥花园别墅（参见第38页）可作为任何风格花园景色的绝佳背景，位于意大利格雷韦。

作之合。其实，无论建造什么规模或什么类型的花园，基础材料都大同小异，无外乎就是石头、水、树木、草叶和适宜当地气候和地理条件的一些其他植物。在花园建造的过程中，影响花园格调的直接因素是文化传统和历史，而在使用同样材料的情况下，关键在于用料的比例，这些是花园独特性的决定因素。无论是真实还是更具象征意义的花园，对它们的风格进行分类都大大拓宽了花园的研究范围并超越了国家疆域对花园选择的限制。

除了聚焦分布在世界不同地方的一些著名花园外，本书重点选择的花园还包括部分曾出现在一些文学作品中，或由艺术家、作家亲手建造，抑或具有历史和现代意义，甚至曾经历过重大历史事件的洗礼。因此，本书也是对那些在大自然中潜心探索植物并致力于帮助我们认识植物世界的人的敬意。从某种意义上说，在人类漫长的历史进程中，尽管花园的生命周期是如此短暂，但它们启迪人类创造性的功能却是那样持久，而构造花园的灵活性意味着我们能将它用于反映时代的变迁，也正是基于这一点，本书作者在为绝大多数花园标注建造时间时十分关注隐秘在背后的那些鲜为人知的故事，同时也注重跟踪花园景观季节性的实际变化，对于许多花园来说，整体景观的变化是最显著的特征。

数百年来，世界各地都将花园作为祛病疗伤之所，既将花园作为愉悦精神的属地，又视它为老少皆宜的乐园。作者曾考虑将花园的娱乐放松功能从所含的园艺体力劳作中剥离出来，后者对部分人来说可能具有疗效作用，但这并不是每一个选择亲自动手做园艺的人的目的，他们并不是想通过一种能谋取某种利益的方式将自己与大自然联系在一起。当然还应该考虑到那些没有自家花园或自己所生活的社区不具备种修建园林条件的人们，即便是他们也同样有机会分享花园给予人类的益处，他们只要步入一座花园或在一片由园丁养护的户外园林中小憩就照样能使身心沉浸在一种心旷神怡状态中，涵养了精气神而不必去操花园主人的那份心。

比较而言，各种围栏式花园所拥有的吸引力更加持久。在过去数百年中，分布在世界各地的那些跨文化的围栏式花园一直是人们心目中那座人间天堂的代名词。追溯"天堂"（Paradise）一词的词源，它最早属于波斯语或伊朗语，后来古希腊人将它吸收并拼写为"Paradeisos"，翻译成英语的意思是"被围栏围住的大庭院"。直到今天人们在建造独具个人风格的花园时仍使用这个表述。在古代，一座花园的围墙十分重要，能够使人安然于自然且躲避野生世界的危险，并享受这个庇护所的安全与私密。对于人类来说，所有类型的花园都能激发出不同的积极情感，抚慰那些深陷黑暗和压抑的灵魂并助它摆脱不幸。

花如其人。花园就是创建者的化身，别样的花园必有别样的主人。本书在尝试说明这一点的同时，还将重心放在花园修身养性的功能上。

上图：戈登城堡花园（参见第 218 ~ 219 页），该花园筑有围墙，将主要空间用于培育大量多姿多彩的鲜花，旁边用于栽培可食用的农产品。

对页图：英国布里奇沃特花园，位于大曼彻斯特都市郡的索尔福德镇，现隶属英国皇家园艺学会（参见第321 页）。

11

伊弗林·邓巴的《英国园艺规划年历》(1938)
人格化的花园

1752年1月1日，英国首次举行迎新年的庆典活动，标志着不列颠最终接受了始于1582年的公历，即"新"格列高利历法，与大多数欧洲大陆国家在年历方面实现了统一。

对辛勤的园丁来说，预先做好每个季节的园林规划是一项长期的"例行公务"。艺术家伊弗林·邓巴也是一位技艺娴熟的园丁，他的这幅大型画作宛如一部中世纪的年度祈祷手册，12个人物代表12个月，均以太阳为中心将每月园艺大事形象及特色化。他特意将妇女安排在"农闲"或对体能要求不高的月份且大都与鲜花相伴，主角为男性的月份排满了重体力活，这可能是这位艺术家幽默感的某种自然流露。自古以来，季节都被人性化。每个季节的花园景观各具特色，但都逃脱不了大自然的定数，花开花落花满天最终依靠的还是年度规划。

虽然园艺"年历"与自然年历不完全一致，四季节气比园林培育都要晚一些，但在深冬季节我们就可展望春天的怡人和夏秋的芬芳。

西班牙格拉纳达的阿尔汗布拉宫及赫内拉利费宫

典雅的城堡花园

狮子院的中央喷泉，自内向外看，映入眼帘的是一组精心刻画的柱廊

阿尔汗布拉宫及赫内拉利费宫由完整的种植园、庭院和水景花园组成。世俗天堂的伊斯兰风格系列展现了摩尔人王朝的园艺技能，这个王朝自13世纪起至15世纪晚期统治着西班牙的这片地区。最后的西班牙摩尔人统治者布阿卜迪勒于1492年1月2日向卡斯蒂利亚军队投降。（布阿卜迪勒是西班牙格拉纳达王国末代国王穆罕默德11世。——译者注）

阿尔汗布拉宫中著名的狮子院以一组石雕狮子闻名，这群狮子驮着的喷泉位于这座传统格调浓郁的查哈古尔式庭院的正中央，设计师精心设计的四股涓涓溪流又将整座庭院分割为四个部分。在盛夏的酷热下，这座狮子院却十分宁静、清凉。

约翰·纳什的《冬季的荒野公园》(1959)
水彩画中的花园

《冬季的荒野公园》（画纸上的水彩画，1959），约翰·纳什绘制。他从未接受过正规的艺术训练，但在其兄长保罗·纳什的帮助和鼓励下终成大器。

在约翰·纳什的这幅水彩画中，这位艺术家捕捉到了自己在英格兰东北部艾塞克斯郡伯腾格姆斯的冬季花园中的凄凉之美。画中那些弯弯曲曲的树干呈现出雕刻般的质地，稀稀疏疏的树杈变成了精美的花式窗格和冰封的池塘中闪烁的银光。这位艺术家十分善于从景色和大自然中汲取灵感，其实他本人一生钟情于园艺，是一个地地道道的园艺耕耘者，他因研究荒野和花园花卉而小有名气。作为切尔西皇家园艺学会花卉展的评委，他名副其实。从他在自己简约的回忆录《艺术家园丁》中，可以看出他对园艺和植物的热爱始于孩童时代。此外，他还受委托撰写了《英国花园花卉》，为《独具特色的植物》和《充满好奇心的园艺家》两部专著配了插图。

第一次和第二次世界大战期间，约翰·纳什都被英国政府授予官方战时艺术家，他的哥哥保罗·纳什也得到了这份国家荣誉。

英国利物浦福斯林路 20 号

披头士（或称甲壳虫）乐队诞生的花园

保罗·麦卡特尼的家和庭前花园，保留了 20 世纪 60 年代他与家人在此居住时的原貌。

保罗·麦卡特尼的家搬到这里时，他还是一位十一二岁的少年。这座住宅有着斜坡屋顶，外观看起来普普通通，但在麦卡特尼的早期艺术生涯中发挥过至关重要的作用。正是在这里，麦卡特尼邂逅了约翰·列侬。麦卡特尼一家人在此一住就是九年，在这期间，保罗·麦卡特尼和列侬创作了大量歌曲，并在这个宅子中一遍又一遍地排练。1970 年 1 月 4 日，麦卡特尼的作品《随它而去》录制完成。

花园蕴含着家庭特有的气息，与家庭息息相关。家家户户的庭前花园都是四季中的每一天天气变化的"晴雨表"。此外，它们还是家庭主人们日出而作、日落而息的一部分，见证着主人们生活中发生的那些婚丧嫁娶等人生大事或油盐柴米酱醋茶等区区小事。

威廉·莎士比亚的《第十二夜》(1601～1602)
藏身于黄杨林中

这是一张 1968 版的莎士比亚《第十二夜》剧照封面，在黄杨树篱笆后的人物是剧中主角之一马伏里奥。

> 玛丽亚：你们三人都躲到黄杨树后面去，马伏里奥正从这条道上走过来。他在那边阳光下对照自己的影子练习礼节已足足半小时了。
>
> ——莎士比亚《第十二夜》第二幕第五场　奥利维亚花园

莎士比亚的《第十二夜》是一部爱情喜剧。花园是偷听他人的谈话与获取秘密的绝佳藏身之地。

托比爵士、安德鲁爵士和费边都藏在"黄杨树"后观察喜好炫耀又讨人厌的马伏里奥对一份伪造的信件将如何反应，这封信是诱骗他认为奥丽维娅爱上了他。

自古以来，常绿黄杨木在花园种植中都是不可或缺的，因为它们能常年保持形状不变，人们喜欢将它修剪成喜爱的形状，还用作树篱和隐藏身形或物品之所。

16

日本武生市的莹山禅师转法轮之庭

一座现代禅宗花园

这座别致的当代花园严格遵从日本花园设计风格的传统，设计者从花园的功能出发，自如地将小园香径作为建筑物之间的"桥梁"，令人惊叹它的巧妙。

作为一位"半出家"的僧人，枡野俊明将花园设计纳入并作为修行生活的一个部分。他将禅宗大师们通过景观设计艺术实现苦修的传统奉为圭臬，2009 年在莹山禅师转法轮之庭，他严格遵照日本花园设计的经典法则设计了一座现代花园，以表达他内心对 13 世纪一位禅宗大师——莹山禅师的深深敬仰。

他将花园设计中的各种元素都引入了对自己精神世界的内省。在这座花园中，生机盎然的青苔覆盖着座座小土丘并将地面自然地分割开来，植物和岩石的分布也经过他精心设计，其中一块较大矗立的岩石象征着莹山禅师，曲曲弯弯的细砾小道代表着这位高僧在全国各地传授禅宗的善行。

美国加州帕洛阿尔托市的惠普车库
一座孕育出硅谷的花园

这座车库是闻名遐迩的硅谷的诞生地，现在它是一座私人博物馆的一部分，人们只能从车库外面的人行道和行车道上才能看到它。

1989 年，这个坐落在花园中的车库被正式确定为硅谷的诞生地。50 多年前，戴维·帕卡德和妻子租下了这座小房子中的一套小屋，当时主要的考虑是它附带一间车库。他的好友比尔·休利特紧随其后搬到了这座花园的一个花棚。这两个男子汉利用业余时间干了起来，帕卡德的这个车库也成了研发实验室和加工生产车间，他们的许多产品都出自这个小车库，包括他们的第一个音频振荡器。

他俩的合作关系很快就通过创立惠普公司固定了下来，同时在这座花园的附近租到了一个面积稍大一些的办公场所。1987 年，这个车库成了加州的一个历史地标，但它仍属于原房主的私产，直到 2000 年惠普公司才从其手中买下了全部产权。2007 年，这个车库正式列入了美国国家历史遗迹名录。在美国，许许多多的创业公司均从车库起步，但并不是所有的都能名满天下。

霍德索克小修道院

宛如一块洁白如雪的地毯

在每年的一二月，霍德索克小修道院那2万多平方米的花园和4万多平方米的森林都开满了雪滴花，4月又转换成了风信子的世界。

雪滴花的某些特征会使不少人变成雪滴花迷，即对雪滴花那精致纤细的花朵格外垂青。在通常情况下，雪滴花会从覆盖大地的皑皑白雪中"破雪而出"，它们的那些普普通通的叶子和柔软的嫩枝连同洁白的花朵会一点点地铺满大地，而花蕊中心点缀着的少许淡绿更是精美绝伦。

其实，位于英格兰诺丁汉郡的霍德索克小修道院是一座有相当历史的普通乡间村舍，虽然被冠以"修道院"名头，但从未做过修道院。这座花园预计有约4000万株雪滴花。如此繁盛的雪滴花与毒乌头、丁香玫瑰般的仙客来融合一起，把大地包裹成冬季景色中一块美丽的地毯。

英国民间音乐《乡村花园》

"置身一座英国乡村花园之中"

珀西·格兰杰端坐在一架三角钢琴前。他以对生活激情四射的演奏方式而闻名。除了精通11门语言以外，这位大名鼎鼎的音乐家总是习惯于自己身背一个帆布旅行背包跑步前往音乐会现场。

1918年，这位在澳大利亚出生的作曲家、钢琴家和指挥珀西·格兰杰改编了《乡村花园》这首英国乡村歌曲，之后该曲调被享有英国民间歌舞复兴之父盛名的塞西尔·夏普收藏。作为他最著名的作品，《乡村花园》成了格兰杰的标志和音乐会保留节目，连续75年打破出版商的发行纪录。1914年，格兰杰移居美国并在那里度过余生，《乡村花园》是他在美国生活的早期作品之一。

1962年6月，由歌手吉米·F.罗杰斯演唱的《乡村花园》在英国当月歌曲排行榜上位列第五，这在摇摆音乐盛行的20世纪60年代是一个了不起的骄人成绩。

法国卢瓦尔河谷的舍韦尼庄园

阿道克船长的马林斯派克庄园

从远处眺望舍韦尼庄园正南面的全貌能够感受到阿道克船长的家所蕴含的风韵。《丁丁历险记》系列连环画第一部《丁丁在苏联土地上》于1929年1月10日正式发行。

丁丁的粉丝们都知道丁丁的好友阿道克船长的祖宅就是马林斯派克庄园，即法文 Château de Moulinsart 的翻译。尽管阿道克是英国人，但漫画作者赫尔热故意移花接木、张冠李戴，将自己原籍国比利时的一座村庄的真实名称——Haddock（阿道克）给予了它，更令人难以琢磨的是，赫尔热在表现位于卢瓦尔河谷的舍韦尼庄园的花园正面的插图中没有再现庄园两边的侧翼。此外，在整个作品中，对于到底是谁将马林斯派克庄园完整地保存下来这个重要问题时，这位艺术家也没有做任何交代，难道应该是阿道克本人吗？不管怎么说，在庄园的主人长期出远门期间，庄园草坪的维护修剪始终体现着法兰西风格中整整齐齐、平平坦坦的主调。今天舍韦尼庄园仍然保持对公众开放的传统，以纪念《丁丁历险记》和他的好友阿道克船长。

伊冯·希钦斯的《花园小径》(1948 ~ 1950)

一座没有围挡的花园

伊冯·希钦斯绘制《花园小径》(帆布油画，1948 ~ 1950)。

英国著名风景画大师伊冯·希钦斯笔下的这座花园无边无际，景致向外无限延伸，画内各种构图元素也没有传统的边界框架。1940年，这位艺术家位于伦敦的住宅被纳粹德国空军炸毁后，他搬到了这幅风景画中的那所临时住房中，换言之，这幅画是他根据自己的临时落脚点及其周围环境创作的。还有一个可供参考的事实是，这位艺术家在伦敦的家被毁之前已经买下位于西萨赛克斯郡佩特沃斯附近的六公顷多的林地。画家将自己的家放置在这幅画作的左边，画面中那些曚昽的绿林是伴随着他对那片土地所有权的不断扩大而逐渐培育起来的。硕大的花园看上去"吞没"了房子，连同周围的景色，成了这位艺术家创作灵感的源头之一。

英国伦敦芬彻奇大街 20 号空中花园

一座 150 米高的花园

从空中花园凭栏远眺，我们可尽览伦敦的地标建筑，如伦敦碎片大厦、圣保罗大教堂、伦敦塔桥和伦敦眼。

这个空中花园是伦敦最高的公共花园。玻璃结构的花园占据了这座建筑物的最高的三层，而整座建筑物因形似一台"对讲机"而逐渐远近闻名，其曲线形结构由乌拉圭建筑师拉斐尔·维诺里设计。整座空中花园的所有观光平台和一个大露天平台都被郁郁葱葱的花卉编织成一个又一个花海，置身其中可 360 度无死角观赏伦敦美景，而翠绿的每一个平台都好似一座来自地中海和南非的植物世界。

迪迪墨斯·蒙泰尼的《园丁的花卉八卦阵》（1577）

一部伊丽莎白时代的花园书

《园丁的花卉八卦阵》第一版扉页的插图展示了一座凉亭的修建——藤架的雏形。

托马斯·希尔，是一位占星家、翻译家和书籍的出版编辑。1574年希尔去世三年后，他的《园丁的花卉八卦阵》才于1577年出版并成为英国第一部关于园艺和花园设计的重要专著。希尔的拉丁语笔名是迪迪墨斯·蒙泰尼（Dydymus Mountaine），其中Mountaine在拉丁语中是山峦（Hill）之意，而Hill正是托马斯·希尔本人的姓氏。这部专著实际上是一部其他作者专题论文的汇编，正如希尔在首页所声明的那样，本书是"园艺、农牧业和医业方面公认优秀作者的著作精选"。

除瓜果生长、蔬菜种植和香草芬芳等内容之外，书中大量插图从一个侧面反映了英国伊丽莎白时代人们对园艺认知的飞跃，书中还介绍了花卉迷宫和八卦阵，以及凉亭和由树木及其枝叶筑成的植物篱笆等花卉的装饰性功能。特别值得一提的是，莎士比亚在自己的作品中专门援引过这部专著。

刘易斯·卡罗尔的《爱丽丝梦游仙境》（1865）

一个怪异的花园派对

约翰·坦尼尔为《爱丽丝梦游仙境》第一版所创作的木刻插图——邀请我们参加这个茶宴。

爱丽丝说道："这是我一生中参加过的最愚蠢的下午茶！"

——《爱丽丝梦游仙境》

在文学作品中，"疯癫帽匠的下午茶"是最著名的花园派对之一，它与真实的爱丽丝可能参加过的任何花园派对都不一样，六点开始品茶，而这个时间正好是疯癫帽匠与红桃王后相遇后动弹不得的时间。

尽管茶宴还有不少空席位，但爱丽丝并不受待见。大量没有答案的谜语、令人费解的故事和她人身遭遇的那些粗鲁言辞迫使她退席并发誓永不再来。在通常情况下，花园的下午茶总是飘逸着温文尔雅的茶香，但爱丽丝亲历的这次下午茶却令人失望。

25

挪威特罗姆瑟的高寒植物园

北极色调

这座植物园位于北极圈内 320 千米处，这是世界上位置最北端的植物园之一，园内的植物种类采集自同纬度的一些寒冷、多岩石的地区。温暖的墨西哥湾流使特罗姆瑟受益无穷，但在将来的某一天，它可能也难逃气候变化带来的恶果。此外，目前每年从 11 月到来年 1 月中旬，人们都几乎没有机会欣赏太阳从地平线上升起的景色，该地区因此缺少日照，这里的植物必须应对这一环境现实。这片地区花朵绽放的时间一般都在 5 月并一直持续到 10 月初雪的降临。

奥斯本与利特尔的曼斯菲尔德花园集锦之奇幻墙纸

一座墙纸花园

这张墙纸设计方案，将一面普普通通的墙转换为一座具有较好视觉效果的虚幻花园，一个拥有多种不同特色的（古罗马时代的）幻景图。虚拟的远景小径大大增强了古典雕塑、喷泉、花园装饰、眺台、石质栏杆、经修剪的花卉、树木以及传统的条纹状草坪的纵深感。

日本京都龙安寺

禅宗干枯景观花园

上图：龙安寺的花园是联合国教科文组织指定的世界文化遗产。

对页上图：这座花园建有围墙，但没有围栏。花园墙外茂盛的植物与自然生长的植被融为一体，和谐共生。

对页下图：要罗列出诸多与花园相关的种种事项是一个不小的挑战。

禅宗寺庙龙安寺的庭院由耙平的碎石组成，属于枯山水园，即干枯景观花园，这种风格在日本备受青睐。围墙内有 15 块不同尺寸的岩石，这些岩石被精心地置于耙平的碎石上，处于一种完美状态，给人的印象是：没有任何力量能将它们的"精神和肉体"分开。

有人认为该花园的设计与 16 世纪风景画大家宗阿弥有关，也有人确信它出自一位佚名大师之手。Ryōan-ji，即龙安寺，建成已有 500 多年的历史。寺院的一个大池塘可追溯到 12 世纪。斗转星移，寺院一代又一代高僧们在该池塘边种下了许多树，包括樱桃树、枫树等。

韦克赫斯特冬季花园与千禧年种子库

冬季花园

韦克赫斯特冬季花园及其所拥有3.3万多种不同形态和色彩的植物而独具特色。

1965年迄今，英格兰西萨塞克斯郡阿尔丁利的韦克赫斯特冬季花园及其收藏的规模巨大的植物精品均由基尤的皇家植物园（参见第275页）管理。韦克赫斯特这座冬季花园中，那些蔚为壮观的植物展示着其丰富的色彩、多姿的形态和纯正的芬芳，在最寒冷季节中，正是它们赋予花园特别的温馨。喜马拉雅山脉西麓的桦树（桦树属喜马拉雅桦）的雪白树干在山茱萸红黄叶茎的缠绕和柳树的映衬下分外妖娆。生长较慢的多年生常绿植物和禾草在乔木和灌木丛中像地毯一样覆盖在大地上。从每年1月开始，雪滴花、紫丁香、仙客来等植物早开的鲜花将环境装点得更加多姿多彩。

在韦克赫斯特的地下，隐藏着一座英国的千年种子库。该库是迄今世界上最大的野生植物物种的种子中心，收藏着从世界各地精选的24亿粒种子，同时还是一个环境优美、设施先进的顶尖的研究场所。

一座典型的埃及花园和门廊（公元前75～1981年）

一座样板花园

古埃及具有代表性的花园，强调花园空间的娱乐功能，这也是其突出的特色。

这座看上去充满浓郁现代感的样板花园是在埃及底比斯迈克特瑞墓地一侧发现的。迈克特瑞生前曾任宫内主管，当过古埃及11和12王朝国王的侍从。这座花园包含了开始于那个时代的小型花园的核心要素：全封闭式围墙、装饰性棕榈树干（用作遮阳门廊的廊柱）、树上可食用的红色果实（应该是无花果）和一座中央池。这座中央人工水池的防水部分使用了青铜作为材质。整座花园代表着将尘世的财富以另外一种方式带到死后，能像生前那样继续尽情享乐。

建筑师和景观设计师们继续制作样板花园，用这些样板向客户解释设计思路。

系列电视剧《世界花园和奥黛丽·赫本》（1993）

电视屏幕上的花园

这是系列电视剧《世界花园和奥黛丽·赫本》中的一个镜头，这部电视连续剧的第一集于1993年1月21日播出，前一天她刚去世。

培育一座花园就是对未来的寄托。

——奥黛丽·赫本

作为20世纪90年代创作的这部广受欢迎的电视节目主持人，奥黛丽·赫本在这套节目中引领观众参访了世界上一些美丽的花园。每一集都有知名的园艺专家加盟，包括佩内洛普·霍布豪斯、约翰·布鲁克斯和格雷厄姆·斯图尔特·托马斯。在这套节目中，赫本因"杰出的个人成就以及信息量巨大的节目"赢得了艾美奖。令人遗憾的是，这项电视节目最高荣誉是在她谢世之后获得的，她于1993年1月20日长眠大地。

赫本因毕生致力于人道主义事业而享誉八方，并成为联合国儿童基金会亲善大使。她将这部电视系列片所获得的个人收入全部捐赠给了慈善机构。

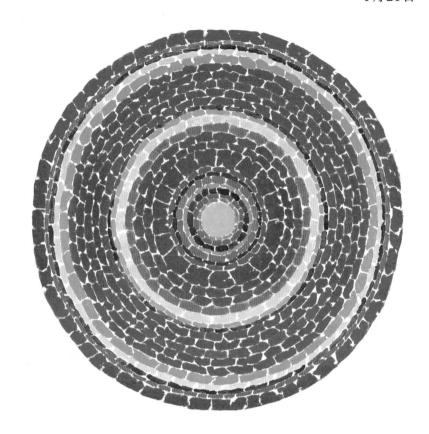

阿尔玛·伍德西·托马斯的《华盛顿的春天》(1971)

一座抽象花园

她的这幅花园画作展现了托马斯的艺术风格,而她的画风被视为拜占庭镶嵌图案和点画技术的某种再现。

非洲裔美国艺术家阿尔玛·伍德西·托马斯居住在美国首都华盛顿特区。她在创作这幅画时已经从一所高中的艺术教师的岗位上退休了。她家中的厨房就是画室,而她家的花园和大自然则是她创作灵感的来源。

晚年的托马斯转向了一种抽象风格,1966 年,已经 75 岁的她在位于华盛顿的霍华德大学首次举办了自己的第一个抽象作品展。作为非洲裔美国人的典范,她是在纽约市惠特尼美国艺术博物馆举办个人画展的第一位非洲裔美国女性,并且三次在白宫展出画作。在美国,1 月的第三个星期一是马丁·路德·金纪念日,以纪念和表彰 20 世纪非洲裔美国人所取得的社会权利和经济成就。

美国西雅图的奇胡利花园及玻璃雕塑

一座玻璃花园

照片中右侧的红黄色雕塑称为"太阳"，由戴尔·奇胡利创作。

出自美国著名玻璃艺术大师戴尔·奇胡利之手的这件作品，造型独特、结构复杂、色彩斑斓，在世界各地的植物园都曾展出过。但在以他的名字命名的这座博物馆，他与一位景观设计师合作，展示其创作。受季节和气候变化的限制，要在一个室外空间将精美的玻璃艺术品与植物一起同时展示看似天方夜谭，但戴尔·奇胡利做到了，他使这两类艺术品相互映衬，相得益彰，为观赏者提供了一种独特的艺术体验。

在戴尔·奇胡利的这座玻璃花园中，恰到好处的中心艺术品是一间12米高的玻璃屋，体现了他对玻璃暖房的偏爱，这座玻璃屋内悬挂着他所创作的体积最大的雕塑之一，这是一件复杂而精致的花环，整个作品融入了各式各样的有机花卉的形状，呈现出红、橙、琥珀和黄色，就像一个巨大的旱金莲垂挂饰物，似乎"鲜花"永远在盛开。

法国耶尔的诺阿耶别墅
一座立体主义风格的花园

这座三角形花园苗床呈栅格状，墙体为白色。

俯瞰这个三角形花园，它就像一艘船的船头。在1925年巴黎世界博览会上，诺耶子爵及夫人被亚美尼亚设计师加布里埃尔·古夫莱基安设计并参展的花园所打动，因此他们委托该设计师设计了这座三角形花园并成为其拥有者。巴黎世界博览会也是一个影响力非凡的展示艺术与设计的场所。

立体主义花园成为现代住宅的补充，它的几何风格设计在今天看起来仍具有极强的时代感。环绕这座花园进行观赏，可增强参观者关于空间和形状的认知。尽管这座花园几经修复，但仍然忠实地保留着原始创作概念。在法国，这座花园也是少有的在现代主义花园运动中的幸存物。

查特威尔的丘吉尔宅邸

温斯顿爵士的墙

在1950年拍摄的这幅照片中，温斯顿·丘吉尔在他的查特威尔府邸的花园里砌一堵砖墙。

离开查特威尔度过一天等于白白浪费了生命中的一天。

——温斯顿·丘吉尔爵士

这座位于英国肯特郡韦斯特哈姆镇的查特威尔宅邸别具一格，景色优美，温斯顿·丘吉尔于1922年买了下来。1924年在他再次当选议会议员后，这所住宅的位置优越性就凸显出来了，此地距离下议院只有40千米。丘吉尔十分喜爱查特威尔宅邸的这座花园，非常热衷于在这里从事泥水匠的工作。

这座带围墙的花园始建于20世纪20年代前期。花园墙壁上一块匾额记录了丘吉尔本人砌墙的工作："1925 ~ 1932年，丘吉尔亲手修建了这堵墙的大部分。"1945年以后，花园不断有一些变化。1958年，为庆祝丘吉尔与夫人克莱门汀的金婚纪念日，在花园增建了一座金色玫瑰园，这也是子女为他们特别准备的生日礼物。丘吉尔于1965年的今日逝世。

苏格兰格伦·格兰特蒸馏酒厂的花园

一座威士忌花园

图为格伦·格兰特蒸馏酒厂花园里的打兰亭。这幅照片没有拍到威士忌酒柜！

在1月25日，即彭斯之夜，喝下一打兰威士忌酒是纪念诗人罗伯特·彭斯诞辰的一种方式。1886年，詹姆斯·格兰特少校在他的蒸馏酒厂周围建造了许多维多利亚风格的花园。格兰特在花园里修造了这座非常有特色的打兰亭，便于他的客人娱乐、享用他的酒厂的美酒，为此，在这个用欧石南作为材料建的木质小草屋内专门放置了一个威士忌酒柜。走到陡边峡谷的高处可见一处较小的打兰小屋，里面同样设置了威士忌冷藏箱。

格兰特对花园的兴趣反映在他培育和栽种的植物上。小径环绕着林地，不同种类的杜鹃花和一座成熟的果园装点着小径。在高处，建了11座花园。后来在这些花园衰败后，人们一共花了整整3年的时间进行研究和修复，才使它们得以恢复。

澳大利亚园林

一座极具象征意义的园林

鸟瞰这座名为澳大利亚园林的形状与一幅澳大利亚地图较为相似，澳大利亚的国庆日是每年的1月26日。

澳大利亚园林，位于墨尔本的克兰伯恩皇家植物园内。很难想象这个花园的中心曾经是一座采石场。这座现代化的植物园与其说只是植物的一般性展示，不如说它讲述着一个植物收集的故事。它的布局设置展现出澳大利亚全国水资源的分布及其对自然植被造成的不同程度的影响，为园中的植物再现了澳大利亚本土花卉的各种品种，倡导可持续发展，强调人与自然环境之间和谐共生关系的重要性。

德国柏林犹太博物馆中的流亡者花园
一座纪念碑式的花园

倾斜的、有棱角的建筑勾起了人们不安的感觉，也使人联想到树叶。

波兰裔美国建筑师丹尼尔·里伯斯金将这座花园与该建筑设计一并定名为在"线条之间"，因为花园与整座建筑外部空间完全融为一体。穿过一个狭窄的"流亡者之路"的小小入口，映入眼帘的花园顿时给人一种强烈的茫然和不确定感。无数条狭窄的小径穿过49个矗立着的混凝土正方形的高高的花坛，在这49个石柱式倾斜的花坛中，有48个装满了来自柏林的土壤，最后的也是中间的一个花坛中的土壤取自耶路撒冷。园内所有的植物都是象征着希望的沙枣，植物的叶子都高不可及。里伯斯金希望通过这座花园的设计能够让每位参观者都能感到第二次世界大战期间成千上万人被迫流落异乡的精神痛苦。

每年1月27日是缅怀纳粹大屠杀受难者国际纪念日。

37

意大利的维尼亚纳杰奥庄园

《无事生非》

为了增加私密性和神秘感,许多成功的花园设计都会将隐匿的空间和开阔空间巧妙地融合在一起。由英国艺术家肯尼思·布拉纳导演并主演的《无事生非》(1993,电影版)就是在位于意大利的维尼亚纳杰奥庄园拍摄的。

这座庄园是莎士比亚的喜剧《无事生非》(约1599)的主要背景。第一场被安排在墨西拿公爵里奥那托总督的一座私家庄园。庄园中的一片果园是偷听他人秘密之所,从而谋划应对策略以辨别爱情故事中的真情假意。里奥那托的女儿希罗吩咐侍女玛格莱特说服希罗的堂妹贝特丽丝在一处阴凉处闲荡,这样就能哄骗贝特丽丝相信班尼迪克爱上了她。这是这出戏剧中系列骗局的第一个,利用了公开与秘密、操纵与失控的手法。

> 希罗:(快去)告诉贝特丽丝,叫她躲到那片茂密的树林中,
>
> 那里的忍冬花(俗称金银花)已经成熟,阳光无法射进,
>
> 就像受王公恩宠的人一样自傲,竟然不屑培育他的恩人;
>
> 让她躲到那里听我和欧苏拉的谈话。
>
> ——莎士比亚《无事生非》第三幕第一场 里奥那托花园

路易斯·康福特·蒂法尼画笔下的《花园风光》（1905 ~ 1915）

一座宝石般的花园

《花园风光》代表着一种闪着永恒微光的花园风情，而风景中斑斓色彩持久并充满生气。

这幅美丽的马赛克镶嵌画或许是路易斯·康福特·蒂法尼为一个颇具影响的委员会所作的某项研究。这位艺术家以其高档装饰性玻璃制品、彩色玻璃和马赛克镶嵌画而闻名。后面两种主要用于教堂的内饰。他这幅体现一座宁静花园景色的马赛克镶嵌画的尺寸为 2.7 米 × 2.9 米，专门用于他母亲在纽约曼哈顿珠宝店的装饰，以提高该店的艺术品位，后于 1938 年与该店的部分物品一并被拍卖。蒂法尼在创作中展示出的娴熟的马赛克镶嵌画技艺，是他在拜占庭游历时受类似艺术品的启发而逐步培养起来的，这幅作品中的景物周围的边框的创作正是他这种灵感的展现。为使画中的这座花园散发出宝石般光泽，他还尝试使用了衬着金属叶饰的彩虹色玻璃和小块大理石镶嵌物。这幅作品目前由纽约大都会艺术博物馆收藏。

伊甸园项目

伊甸园

有人可能会说，建在英国康沃尔郡的那座废弃的烧制瓷器的黏土坑的大型生物群落培育中心不是一座传统意义上的花园，然而其主要意图始终是希望创建一个富有特色的空间，在这里自然、植物与人之间的关系是主题。自2001年伊甸园项目（由荷兰裔英国商人蒂姆·史密斯提出，旨在致力于自然环境的保护。——译者注）开始实施迄今，它已经在全球引起积极响应。其中，有一座生物群落中心具备潮湿的热带雨林环境，一个人工瀑布润养着一条河流，河水环绕着来自世界各地雨林地区的各种植物。另外一座规模稍小一些的生物群系长满了具有地中海气候特点的植物，其中一些来自南非、澳大利亚西部和美国加利福尼亚州。根据伊甸园项目建成的室外花园的共同特点是，每一座花园都环绕着巨大的高技术温室生物群落。一年中的任何时间参访这样的花园都会令到访者兴趣盎然，特别是在每年一月末某一寒冷的日子，参观会使客人的这种体验达到极致。

园艺假

居家园艺

上图：园林靴穿旧淘汰后，成为种植植物不错的容器。

对页图：木板台阶和人行道引领游客穿过伊甸园茂密植物组成的遮篷。

对真正的园艺师来说，"园艺假"这个习语听起来颇具诗意。该词因语境不同而各异，但它与放下手头的工作回家打理自己的花园还真没多少联系。在英国，这个复合名词的基本定义是：当你的老板给你一份"园艺假"通知并告知你，在这份"通知"中规定的期限内或在家上班或在其他别的场所工作，你仍然按有关规定能领到薪水，但必须离开办公室等工作场所，通常没有硬性工作，也不宜与同事或本部门的客户联络，即停职留薪。也有消息称，这个习语来源于英国文官圈子，最早出现在20世纪80年代英国广播公司（BBC）播出的一出政治讽刺情景喜剧《遵命！首相》的一个情节中。除去任何热衷于园艺的人，"园艺假"更多含贬义成分。

2月1日

《"布鲁姆斯伯里花园"的羞怯的小动物》

花园的格调

这幅引人入胜的花园画作创作于设计工作室，对于经典式样的花园格调，它赋予了全新的元素，展示了大自然的生机。画中蔓延的叶茎代表着过去的一些设计方法，其中包括英国画家、设计师莫里斯及其公司的风格，而经纬交错的花卉和果实呈现出布鲁姆斯伯里派艺术家们在较明亮的暗处表现室内装饰的格调；各种处于盛开期花卉和成熟的果实争奇斗艳，紫罗兰、玫瑰、铁线莲、葡萄、悬钩子和石榴格外醒目，彩蝶在花丛中飞舞，呈现出一座永远花开繁盛的花园景色。

2月2日

玛丽·安塞尔的《快乐花园》（1912）

星月下的花园

《快乐花园》是一部关于花园的回忆录，记录了这座花园在每一天和每一年中不同时间段的风采及其赋予作者生命意义的许多愉快往事。这座花园连同黑湖小屋是作者玛丽·安塞尔和丈夫 J.M. 巴里度周末和假日的天堂。安塞尔在这部回忆录中追溯了她和巴里共同在这度过的时光以及小屋及其花园带给她的美好记忆和创作灵感（参见第 359 页）。《快乐花园》写于她与丈夫离异之后。

埃里克·勒维利厄斯的"花园"（1938）

陶器花园

上图：陶器上，精美的花园场景是对清洗餐碟茶具的精神奖励。

对页上图：《"布鲁姆斯伯里花园"的羞怯的小动物》是一幅创作在墙纸和织物上的蓝绿色画作。

对页下图：《快乐花园》的封面，由查尔斯·道森创作。

埃里克·勒维利厄斯是一位艺术家、设计师、图书插图画家和木刻家，第一次和第二次世界大战期间在英格兰工作。20世纪30年代，他受聘为韦奇伍德瓷器公司设计陶瓷产品，"花园"是其系列作品中的一组。这组作品显示出他如何将现代设计手法应用于传统的高质量餐具生产。

尽管这些花园场景的产品设计完成于1938年，但受战争的影响，生产被迫中断。第二次世界大战期间，他积极投身抵抗纳粹德国的斗争，并作为一位称职的战时艺术家于1942年因公殉职，年仅39岁。他为韦奇伍德瓷器公司设计的大量产品直到他离世后才投入生产。

43

宇宙猜想花园

绿林之蛇

蛇岭草地一瞥，草地上被刻画出墨蓝色的曲线形池塘。

图中这座花园位于苏格兰邓弗里斯市波特莱克镇，园中各种造型于2003年完工，这个工程开始动工前，主人查尔斯·詹克斯与妻子玛吉·凯瑟克计划在他们家的大花园中修建一座游泳池。身为建筑师的詹克斯对整个花园进行了重新设计，将泳池变成了他称为的"波浪景观"的花园，通过这座花园探索它与自然之间的一种关系。"蛇岭草地一瞥"展示的是：作为这座花园中最重要的元素之一的水呈自然灵动状，并位于整座花园的中心，环绕四周的是雕刻般的大地。花园其他区域的设计构思源自六种感官以及宇宙起源理论的启发。整座花园地形中的各种元素都被巧妙地加以利用，使它们成为景观花园建设中的一种新手法的产物。詹克斯于2021年去世，享年80岁。

美国苹果公司总部的苹果公园

公司大花园

苹果公园内的苹果树、杏树、樱桃树、梨树和李子树等树木提醒人们记住，这片土地曾经是一个水果生产中心。

作为一座大花园，苹果公园的中心矗立着一座巨大的环形建筑，这就是苹果公司总部，位于美国加州库比蒂诺。公司的联合创始人斯蒂芬·乔布斯希望公司所在地更像一处自然景观，而不是一个商业设施。在生命即将结束之前，他将指导这座公司总部的规划作为最后的工作之一。遗憾的是，直到他去世数年后，这个项目才开始动工。

美国景观建筑大师劳里·奥林受托进行总体规划设计，他充分利用这片土地地形的微小变化及其自然植被情况，通过神来之笔般的设计大大增加了人视觉上的空间感。

景观设计与实用性紧密结合是另一突出特点，景观四周环绕着步道，步道划分出慢跑道和骑行道。此外，植物选择也有讲究：抗旱能力强的植物大部分来自本地，而非本地物种在适应这里的气候环境方面，无论是在温度更高的盛夏、更低的寒冬、更潮湿的暴雨季节，它们都能生存。园内不但种植了8000多棵树，还建了数个丰产的果园。

圣安妮庭院

一座 20 世纪的花园

草坪连接着宽阔坚实的台阶，台阶直通斜坡草坪。功能性挡墙变成一系列凸起的花坛，用于绿化地面的植被都十分简约。

为实现自己在建筑学与规划方面的研究目标，加拿大景观建筑师克里斯多夫·滕纳德来到英格兰。他的园艺专著《现代景观中的花园》影响深远，这算是 1937～1938 年在著名刊物《建筑评论》发表的论文精选。在这部专著中，滕纳德总结了人类花园建设的历史，并置于景观和生命的交融的语境中加以分析，谈了自己对如何处理花园与园中房屋位置选择与设计之间关系的一些理念，还探讨了现代建筑和城镇发展对花园和景观设计可能产生的影响。

照片中的这所房屋位于英格兰萨里郡彻特西镇，是为滕纳德而建，由建筑师雷蒙德·麦格拉思设计。房屋的原来叫圣安妮山，其位置所在区域是 18 世纪保留至今的一处历史景观，房屋坐落在花园中间，房屋与花园的设计均具有建筑学和现代主义特征，一条有特色的长混凝土梁从整体建筑物中延伸出来，墙体与阳台随之凸显，与整座花园融为一体。

英国牛津市班伯里路 78 号

詹姆斯·默里博士的书房

图为默里博士在家中的"缮书房"的书桌旁。没能看到与他合作多年的编纂团队。他曾给世界各地的投稿人回信，数量之多以至于牛津城邮局在他家门外专门设立了一个邮筒，一直保留至今。

花园：一块封闭的土地，用来培育花卉、果树或蔬菜。

——《牛津英语辞典》

詹姆斯·默里博士出生于 1837 年 2 月 7 日。他后来成为《新英语词典（按历史起源编订）》（今天大名鼎鼎《牛津英语词典》的前生）的主编。1884 年，他在自家花园里建起了这间铁棚屋——小有名气的"缮书房"，当时这部词典的编纂项目已经进行到第五个年头，当时他们估计的整个工程的工期为十年。

默里为"缮书房"起名颇为典雅——"一座金属花园建筑"，这的确配得上这项事业的宏大规模与重大意义。默里在伦敦的磨坊山学校教书时，就开始他的编纂工作，并在"缮书房"内编纂出词典的雏形。作为主编，这间面积稍大些的"牛津缮书房"内四周都安放着定制的带有资料分类格的书架，书架上分别放置记录词典中每一个词的词源、主要词义、应用例句等的资料。

保持生理和精神健康的花园

一座精心照料的花园

在一年中的任何时间，花园都能营造出一种祥和、安康的气息，正如汤姆和苏·斯图亚特－史密斯的花园给人的感受那样。此外，第175页中那幅关于他们花园的照片还能给予其他令人愉悦的感受。

几个世纪前，人们就早已知晓花园对精神健康有益，并能给人带来某种幸福感。早在1616年，法国作家让·弗兰诺就撰写出版了一部著作《冬季花园》，他希望此书帮助人们在缺少明媚阳光而幽暗压抑的冬季能保持昂扬的精神状态。时光飞逝，今天许多研究表明，只需要仅仅瞥一眼植物，一个人的神经系统即可获得可计量的神经学意义上的裨益，医院的病人经常看绿色空间，会康复得更快。

园艺作为一种锻炼方式对我们的健康也十分有益，既能减轻压力又能产生一种愉悦感。在《园艺之心：在现代世界中重新发现自然》（2020）一书中，著名精神病学家、心理治疗医师及园艺师苏·斯图亚特－史密斯经过对花园和园艺所具有的疗效进行研究后得到了验证。最近，她和丈夫汤姆在自家花园里将这些验证结果融为一体，并在自家果园中创建了一个名为瑟奇山社区项目，为社区居民提供了疗养空间。

沃兹登庄园

球状植物和花卉的五彩画面

沃兹登庄园内筑起的正式区域边界使色彩斑斓的花园昭示着一年有两次繁盛期。

1874～1879年，费迪南德·德·罗斯柴尔德男爵让他的景观设计师埃利·莱内为他新建的法式城堡的四周设计一座格调相适应的花园，以展示来自意大利、法国和荷兰的各种雕塑品。这种设计风格最出彩的是运用大量适于花坛种植的植物，这在当时也是财富的象征之一。位于英格兰白金汉郡的沃兹登庄园的花园中那些蜿蜒的传统苗圃以凸起形式栽培，以增加色彩效果。春季开花的植物点缀在鳞茎植物间，为这一年增添了浓郁的色彩，这些植物都是头一年10月种植的。5月，花坛中会种下夏季开花的植物，使花园在整个夏天及之后几个月成为一个色彩缤纷的世界。今天，沃兹登庄园采用高科技对植物进行设计、布局。家庭使用的地毯或挂毯经计算机扫描而生成的图案，被纳入花园种植方案设计中，从而加强了花园植物色彩的协调性，提高了不同植物数量搭配比率关系的合理性。如果根据季节更替顺序在线上观赏这座虚拟化的花园，我们可以发现在花园布局中运用不同色彩植物划分界线这一传统方法背后所包含的各种技术。

伊甸园

人世间的第一座花园

传统意义上的伊甸园位于美索不达米亚，也就是中东底格里斯河与幼发拉底河之间的陆地。这个区域北部比较湿润，称为肥沃的新月地带，也只有这里才能滋养一株成熟的苹果树。然而，世界上不少文化中都有"第一个天堂花园"的概念，千百年来，描述这座世间独一无二花园的艺术品或文字似乎成了一个永恒主题。

上帝创造的第一人亚当负责照看肥沃、芬芳的天堂，天堂里无须劳作，即可衣食无忧。堕落后，他和夏娃被逐出天堂，亚当被告知，现在需要辛苦劳动——"耕种土地"才能填饱肚皮（《圣经》创世纪，第三章，第 23 节）。

威廉·莫里斯的"鲜花花园"（1879）

一座织锦花园

上图："鲜花花园"是威廉·莫里斯设计的50多种织物图案中的一种。

对页图：坎特伯雷大教堂的这片12世纪彩色玻璃窗描绘了亚当用一把原始铁锹在"耕田种地"。亚当劳作的场面十分罕见。

威廉·莫里斯描述这幅织物图案"看着漂亮，像一个开满鲜花的花园"。他的织物设计产品，通常使用工业化前的传统生产方式进行生产。这幅花园图案是由手工织布机织出的，通常作为装饰用于以丝绸和羊毛为原料的提花织物，主要元素在大量委托的图案设计中使用。莫里斯设计的织物用作窗帘和卷幔上，都是墙壁悬挂物，与早期挂毯相似。回归中世纪风格的装饰，是莫里斯设计理念中非常重要的部分，其主张的设计理念为"一座永恒的花园，一年四季都有鲜花盛开"。

和谐之园——颐和园

中国皇家避暑花园

颐和园中长廊的每根横梁都绘有一幅中国民间传说或古典故事的场景。在中国，人们一般在每年的农历一月欢度春节。

<big>位</big>于中国北京的颐和园是一个大花园，距位于北京城中心的紫禁城大约15千米。宽阔明亮的昆明湖，坐落在颐和园的中心，由一条溪流改建而成。颐和园建于18世纪至19世纪初期。乾隆皇帝最早启动了这座园林的建设，他本人就是一位园林建筑的行家里手，遵从中国景观的设计法则，即保持自然景观与人文景观之间的平衡。

在19世纪50～60年代的战乱中，这座园林的大部分遭到毁坏。之后，光绪皇帝下令重建，供慈禧太后享用。慈禧太后将这座园林更名为"颐和园"并沿用至今。颐和园历经劫难和修复，最终得以幸存并于1924年起成为公园。作为规模如此巨大的园林，颐和园内有不少独特的景观，例如，十七孔桥巧夺天工般地将昆明湖中的南湖岛与东堤连为一个整体。

《从怀特岛的尼顿别墅阳台远眺》（1826）

英国风景中的意大利式花园

这幅画作展现了穿过一块私人土地向下延伸到一处天然海滩的景色。怀特岛的景色始终是特纳绘画创作灵感的源泉。

英国风景画家 J.M.W. 特纳的这幅花园风景画出自他和这座别墅主人朱莉娅·戈登之手，不过这样的合作屈指可数。其实，他俩还有一段师生情，朱莉娅·戈登于 1797 年曾求教于他和其他知名艺术家。1826 年，在这幅作品在英国皇家艺术院展览之前，特纳为画作取名为《从怀特岛的尼顿别墅阳台远眺》。

画作反映了意大利风格花园的新风尚，画中的阳台有助于框定英吉利海峡北侧怀特岛以东的景色，展示别墅全貌的作品通常挑选从其后边的某个位置，这样还能看到别墅后面隐约显现的大海峭壁。这个带露台的花园及其风景非常有名并得到精心维护，维多利亚女王因此计划于 1867 年 2 月 13 日到此小憩、观景。可惜天公不作美，当天的大雾使女王的观景计划未能实现。

印度阿格拉的泰姬陵

承载爱情故事的花园

上图：见证永恒爱情故事的花园。

对页上图：米勒的写作工作室照片，由其妻子英格·莫拉斯于1963年拍摄。

对页下图：培根的永恒春天理念直到今天仍持久不衰。

这座陵墓由印度莫卧儿王朝皇帝沙·贾汉修建，整个工程超过20年。这是沙·贾汉为他最宠爱的皇后蒙泰吉·玛哈尔兴建的，这座大理石陵墓及其花园世界闻名。正面四个四等分的查哈尔·巴格式花园，来源于陵墓主建筑规模及其建筑特点；长长的水道的中心线与主体建筑的主拱部分在一条直线上。阳光在花园中的作用令人印象深刻，在一天中它能改变建筑物的色彩——从黎明时的乳白色到日落时的金黄色。

阿瑟·米勒的写作工作室
用于创作的私人空间

阿瑟·米勒的这间小工作室位于美国康涅狄格州罗克斯伯里，他在此从事写作近50年。这是他1958年搬到此地后，在同一条路上建的第二个工作室。这位美国剧作家将这间小工作室的一个木门改成了他的第一张书桌。在这里，他上午写作，下午到地里做农活或在木工房里做工。这间小工作室还保存着他的一些重要写作档案资料，其中包括他20世纪30年代从大学寄给家人的信件和著名戏剧作品、日记等。

2月16日

《论花园》（1625）
一个永恒的春天

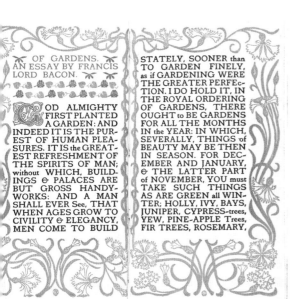

英国大法官、哲学家、科学家和园艺学家弗朗西斯·培根在其散文《论花园》中，描述了他心目中花园的理想状态。他主张，花园的不同区域都应有不同的植物，在一年中的任何季节花园都生机勃勃。他在自己设计的花园日历中列出了不同月份应该种植的植物品种，这些植物必须适应伦敦地区各式花园中的气候条件。他认为只有这样才能使花园保证一种永久状态，即四季常青，换言之，"生机盎然"。

巴比伦的空中花园

古代世界的花园奇观

这幅创作于19世纪的木刻画显示了英国维多利亚时代的人们想象中的空中花园。

巴比伦的空中花园是古代世界七大奇观之一，是新巴比伦国王尼布甲尼撒二世在公元前6世纪为他的爱妻建造的，她来自波斯（今天的伊朗），嫁到巴比伦后十分想念家乡茂密苍翠的山峦。古代学者和历史学家们十分完整地记录了这座花园非凡的工程和栽植技术。后来这座花园毁于地震，任何废墟线索都没找到，但研究人员在距离尼尼微数百千米的地方发现一处类似规模的古代遗址。尼尼微位于底格里斯河畔，靠近今天伊拉克摩苏尔，曾是古代亚述帝国一座城市。

不少人都曾怀念自己出生地的植物和年轻时常去的花园，这些都能为他们管理自家花园提供灵感。

莱奇沃思花园之城

一座花园之城

图为莱奇沃思花园城艺术与工艺品屋的前花园。

英国社会改革家埃比尼泽·霍华德为解决城市贫困和过度拥挤、肮脏的城市贫民窟问题，他在自己撰写的《未来：社会改革的一条现实路径》（1898）中提出了若干思路，其核心是：建设一座新型城镇——一座花园城，它将城镇和乡村的优点融合在一个规划的社区里，地租收入取自在当地再投资的商业、工业、商店和周围的农场。

英格兰赫特福德郡的莱奇沃思花园之城创建于1903年，是世界上第一个花园城市，该城为每一个家庭都规划了一个花园和公共绿地，周围乡村也可纳入整座城镇的规划中。

德里克·贾曼的花舍小屋

漂流木和燧石花园

色彩纷呈的植物、天然的石头和精心布置的漂流木，使得这间花舍小屋的花园与邓杰内斯周边光秃秃的背景形成鲜明的对比。

德里克·贾曼于 1986 年买下了位于英格兰肯特郡邓杰内斯的花舍小屋，在接下来的十年中在此修建了这座花园。花园四周大量的鹅卵石赋予花园一种超现实的特征，邓杰内斯巨大的核电站更强化了这种特征。邓杰内斯海滨的海岸线延伸区，成了大量本地植物物种、昆虫和野生动物的家园。

通过在燧石和贝壳中设定一系列的石头圈，贾曼将自己对天堂花园的想象变为了现实。一段段的漂流木和现成的物件点缀着花园。植被虽很少但色彩斑斓，贾曼称之为"长着龙牙"的花园，其目的是保护他的家。在他被确诊为艾滋病病毒感染者后，料理这座花园给予他无言的慰藉。这里的确是一个影响力不凡的空间。

贾曼于 1994 年 2 月 19 日去世。他的遗产，包括这间花舍小屋及其花园的全部产权，最近被一家实力雄厚的艺术基金买下，从而得到有效保护。

英国的玛吉中心

爱心花园

位于英国南安普敦的玛吉中心所在地的花园，由莎拉奖的金奖获得者切尔西设计。

玛吉·凯瑟克·詹克斯癌症关怀中心信托基金，简称玛吉中心，是一家慈善机构，在全英国提供免费癌症关爱和信息服务。

该基金的创始人玛吉·凯瑟克·詹克斯根据自己罹患癌症的经历，创建了一种新型癌症关怀方式。作为作家和园艺家，她在47岁时被诊断患上乳腺癌，五年后的1993年再次复发。玛吉与丈夫查尔斯·詹克斯——一位美国的文化理论家和景观设计师，共同为玛吉中心进行了总体设计。每一座玛吉中心都建在医院附近，专门接待患者与家人并对他们提供特定的服务。玛吉·凯瑟克·詹克斯相信建筑物的美观造型所具有的力量能增强人的信心并提振他们的精神，她还认可花园作为平静空间的重要性。因此，玛吉中心一般都建在美丽的花园中。1986年，设在爱丁堡西部综合医院的第一家玛吉中心正式揭幕，让人心碎的是，玛吉已经于此前不幸离世。

沃尔特·克兰的《公主在自己的花园邂逅一只能说话的青蛙》(1874)

一座童话般的花园

这幅插图取自沃尔特·克兰所著《青蛙王子》第一版。

在著名的格林兄弟童话中，一位年轻美丽的公主在她家城堡花园池塘边邂逅一只青蛙，这之前她将自己最喜爱的一个金球掉进了这个池塘。在《青蛙王子》的一个版本中，沃尔特·克兰于1874年创作的插图反映的就是这个瞬间。

克兰以他那神来之笔以插图形式再现了这部儿童读物，使《青蛙王子》成为孩子们爱不释手的"玩具"书，甚至连青年人都对克兰在书中蕴含的强烈艺术感和高超的表现手法着迷。长期以来，所有年龄段的人都不断从书中那些生动的细节刻画汲取养分和感悟。作为威廉·莫里斯的朋友，克兰与莫里斯有着共同的艺术理念与追求。

美国弗吉尼亚州的弗农山庄

一座美国花园

乔治·华盛顿于
1732 年 2 月 22 日
出生。1743 年弗农
山庄建成后，每年
2 月的第三个星期
中，山庄都会安排
各种不同的家庭活
动以庆祝乔治·华
盛顿的生日。

作为美利坚合众国的第一任总统，乔治·华盛顿还是一位名副其实的园丁，他在日记中写下了大量关于园艺方面的内容。他正式设计的弗农山庄的高地花园从一个侧面折射出他对果树和家庭蔬菜种植方面的浓厚兴趣。

这座家庭菜园兼具功能性与审美意义，装饰性灌木和开花植物环绕着方形苗圃。他选择用红砖作为材料建造温室或暖房作为花园的核心部位，还反复研究了在温室或地暖房内增建地暖，同时通过加厚的砖墙墙体抵御冬季寒冷，主体建筑的几扇南向窗户可以自上而下开启，增加了透光性和空气流通。园内种植的柑橘类水果用于烹饪，域外细嫩的植物用于观赏。

1784 年，当华盛顿的这座具有加热功能的温室落成时，北美洲几乎还没有类似的温室。主体建筑底侧两翼是后来增加的，主要是为在弗农山庄劳作的人们提供住处。

印度昌迪加尔的岩石花园

一座雕塑花园

这一组亮眼的雕塑形象只是纳·昌德许多令人烧脑作品中的一部分，他的创作令人感到不可思议。

这座有趣的岩石花园堪称雕塑花园。1957年，作为业余爱好，身为政府官员的纳·昌德利用在工作中收集的石头和废弃物品，在一处峡谷场地始创这个项目，此处靠近他位于昌迪加尔的家。令人称奇的是，他的上司们多年来对如此多组填满花园的稀奇塑像和动物形象竟然毫不知情。不过，这已不是秘密，昌德的项目得到了社区的强大支持，他的上司们因此决定拨付必要资金，分派必要劳力协助他完成这个花园项目。

今天，昌德用多种废物修建的独特花园占地50公顷，每年的参观者达到数千人。

露丝·斯道特的《无须劳作的园艺》(1961)
一座"不劳而获"的花园

《无须劳作的园艺》最初版本的封面展示了斯道特在一台手推车里小憩。

美国作家和园艺家露丝·斯道特以其"不劳而获"的系列园艺读物而闻名。她在20世纪20年代首度采纳了一种不同的园艺方法,随即以"覆盖女王"(她擅长用腐叶等作为肥料覆盖在植物根部。——译者注)而扬名。

她的信条是善待大自然同样也是善待自己,她关于园艺的系列作品源于自己的亲身体验并体现在她的花园中。作为"覆盖女王",她用自己购买来的干草或新鲜稻草覆盖在花卉根部。她的不少园艺方法广为流传,如今仍在使用,例如不翻土,但重视堆肥,通过"覆盖物"滋养土壤,增强肥力,减少浇灌并尽可能循环利用。简言之,顺应自然,和谐共生。

63

马奎萨克的空中花园

于连的迷宫

精心修剪的锦熟黄杨相互铰合，在高地上组成一簇簇雕刻般的图案。

马奎萨克的空中花园，位于法国佩里戈尔地区萨拉特市，呈阶梯状"悬浮"在法国多尔多涅河上方的一片突出的岩石上。19世纪，一位退役士兵于连·德·塞维尔继承了一座城堡，并修建了这座花园。在整座花园中，他共种植了1.5万株锦熟黄杨（*Buxus sempervirens*），并且在设计好的花坛上将它们精心修剪成形。在之后相当长的一个时期，这座花园处在被遗忘的状态，直到1996年才得以修复并在这一片100多年前栽种的树木中增添了3500株新黄杨树，它们从中心部分辐射的小径绵延到整个花园，并为漆黑如夜的地洞和阴凉角落增加了浪漫氛围。今天这片修建成形、精美优雅的黄杨植物使整座花园变成了一块巨大的绿色拼图。无论从哪个意义上讲，这都是一座常青园。

卡尔·林奈的家和花园

一座错落有致的花园

花园中这几座房屋
存有卡尔·林奈大
量的博物学收藏
品，许多要客常到
此造访这位杰出
人士。

如果连事物的名字都不知道，何谈了解它们。

——卡尔·林奈

1753 年，瑞典科学家卡尔·林奈发表了双名（二名式命名法）拉丁语植物命名系统，这个系统能够准确区分植物类别，之后动物命名也采纳了这个体系以区分动物，从而使世界各国对植物和动物的分类方式实现了统一，对科学知识的发展和国际交流产生了重要影响。他发明的这套命名系统一直沿用至今。

林奈自己的花园坐落在瑞典的哈马比，那也是他的乡村农场的所在地，每年夏天他和家人都从乌普萨拉市（当时他在该市的一所大学担任教授）到此避暑。为全面提高自己的栽培技术，林奈总是亲手培育各种植物，而他的花园正是他的工作与研究的一个户外试验室。

中国苏州的留园

一座明朝花园

这座花园的月亮门引领着游客从留园的一个区域到另一个区域。

留园是明代的一处杰作，最早由徐时泰在16世纪提出创意并始建，清嘉庆时刘恕改建，称寒碧山庄，俗称刘园。光绪初年易主，改名留园。从简约的入口进入，一个朴素的庭院豁然出现在眼前，并将客人引入一座"自然"景观——花园。园中的小径在植物间弯弯延伸，环绕着建筑物，使花园看起来比实际规模要大很多。

由鹅卵石铺设的棋盘状小径通过月亮门通向掩映在"石林"中的花园。造型稀奇古怪的太湖石构成花园最醒目的景色，正是太湖那片神奇湖水的"洗礼"造就了它们雕刻般的形状，"云帽峰"是其中最大的一块，高达6米。

今天留园仍保持着最初的风貌，令游人流连忘返。

日本京都的东福寺

20 世纪禅宗

这所花园的岩石和碎石都经过精心筛选耙平，摆放在最佳位置。在这个空间中，植物从不喧宾夺主。

东福寺是京都五大禅宗寺庙之一。1939 年，寺院住持委托景观建筑师重森三玲设计这座寺庙的南花园。当时刚刚出道的重森仍属名不见经传之辈，但他刻苦钻研历史、哲学和日本园林设计理论，经他之手设计的这座花园及其抽象的耙平碎石将日本园林设计的历史性艺术带入 20 世纪的同时，没有遗漏日本传统园林中的任何元素。

查尔斯·M. 舒尔茨的《好悲伤，园艺是一项艰苦的工作！》（1999）

花园的恶作剧

在人们的印象中，史努比总是在花园中躺着，要么在狗舍屋顶，要么像这幅图中那样悠然自得。

不是所有人都认为园艺是一项惬意的活动。长期以来，关于史努比故事中每一个卡通人物都深受读者的喜爱。在故事中，露西招募热心"帮手"将她的花园打理好以便种上蔬菜，而她的真正意图是差使别人去干这些苦活儿，而自己当监工。由于声称自己干过园艺工作，史努比应聘成功，其实它不懂园艺，所以接下发生的事就是必然的了。

本图中的这个故事给人的启示是：园艺工作的确少不了帮手，但滥竽充数后果严重，这一点很重要。

普拉斯·布朗顿花园

克拉夫·威廉姆斯 – 埃利斯爵士的花园

这座花园树篱顶部那层薄薄浮雪与远方银装素裹的山脊交相辉映，为3月1日在威尔士厄伊瑞举行的圣戴维日增添了几分别样的气氛。

威尔士建筑师克拉夫·威廉姆斯 – 埃利斯爵士终其一生精心养护自己的这座花园。当然，在这位建筑师设计作品中，最受追捧的是距此地不远的一座意大利风格的梦幻般度假村——庞特梅利翁（参见第104页）。

普拉斯·布朗顿花园位于威尔士格温内思郡的一个国家公园内，因此或多或少成为一处隐秘地。受意大利文艺复兴时期花园的启发，克拉夫·威廉姆斯 – 埃利斯建造的这座花园由红豆杉树篱、剪枝树形和台地组成，通过一段段石质护墙分割成尺寸大小不一的部分，并用不同寻常的雕像和可利用的建筑废物点缀其中。总体来说，这座花园就是厄伊瑞（斯诺登尼亚）国家公园壮观景色的缩影。

克斯腾伯斯国家植物园
一座规模宏大的植物园

克斯腾伯斯国家植物园是世界上最著名的植物园之一，位于南非开普敦市。植物园所在位置的土地由南非钻石商人塞西尔·罗兹买下，其背景正好是开普敦市著名的桌山。1898年，他在香樟林荫道和附近的莫莱顿湾都种上了无花果树，有一些树至今仍然郁郁葱葱。他于1902年去世，临终前将这块土地捐赠给了政府。

哈罗德·皮尔森是一位南非学院植物学教授，认为开普敦需要一座植物园。1913年，这座植物园正式成立，皮尔森担任主任。

克斯腾伯斯国家植物园展现了南非丰富的植物多样性，而这座国家植物园所在地一度被撂荒。在植物园建立后的第一个50年，所有工作都靠手工，由于地形复杂，所以工作极其艰难。皮尔森于1916年去世后长眠于园内。他的继任者罗伯特·康普顿和第一任园长J. W. 马修斯为这座植物园的发展付出了大量心血，并逐渐将植物园建成了今天我们所见到的这座美丽的大花园。

罗伯托·比勒·马克思庄园

从德国柏林到巴西

上图：罗伯托·比勒·马克思庄园因大胆选用植物并将庄园作为试验场而闻名。

对页图：这座园林经常荣登世界七座最蔚为壮观的植物园金榜。

这座茂盛的庄园位于巴西里约热内卢市，其实它是一所景观试验室，其创建者罗伯托·比勒·马克思用本地植物开展一系列试验工作。这位著名的景观设计师、园艺师、艺术家和歌手，还是一位环保主义人士，长期致力于对巴西本土植物群系的保护工作。他最初是在德国柏林学习歌剧期间发现来自巴西本土的植物，当他在柏林的达勒姆植物园和植物博物馆看到那些来自故乡的植物是立刻就爱上了它们，这次发现改变了他的命运。回到巴西后，他成了一名景观设计师。他的设计与现代抽象画很相似，其特点是：在大片绿色的地面上大胆布置面积大且轮廓鲜明的植物群（块）或大小不一的水塘。此外，比勒·马克斯还将现代花园介绍到南美，其设计风格还对北美和欧洲的设计师产生了相当的影响。

法国凡尔赛宫
太阳王花园

要保证花园的宏伟和庄重，需要高昂的维护成本，但这对太阳王来说只是小事一桩。

这座花园是法国国王路易十四驾驭自然和政治权力的一种强力宣誓和展示。建设这所具有里程碑意义的花园一共花费了40多年的时间，路易恨不得亲自检查每一个细节。

当今这座花园的规模只有当初建设时的二分之一。尽管凡尔赛宫规模宏伟，设计师安德烈·勒诺特尔仍然利用对称性和几何特征，把不同的区域小型化，使其更具私密性，这些特点总能给人以惊喜。为保持这些设计意图，花园的树种需大约每100年重新栽种一次。1999年12月的一次暴风雪给花园造成了严重损害，为此法国政府进行了大面积重修，但今天这座花园的风貌仍与当年太阳王路易十四自己所青睐的模样大同小异。

琥珀堡花园
一座漂浮的地毯式花园

这是修剪整齐的系列花园中的一座，这些花园坐落在琥珀堡华丽的建筑中。

在印度拉贾斯坦邦首府斋蒲尔市阿梅尔区，有一座橘黄色花园，建在一整块岩石顶部的一片大型平台上，这块巨石高耸在毛塔湖中。当初设计花园的目的是方便位于花园上方的宫廷女眷们从居住的内室俯瞰景色，因此花园看起来像一块漂浮着的巨大地毯，由大理石框定的花坛呈几何状相互交织，同时表现出浓浓的伊斯兰教和印度教的传统风格。据说，夜间从上方宫廷俯视这座花园景色非同一般，这时浅色大理石花坛的图案在夜色中熠熠生辉，因此该花园在当地也被称为蒙巴里（Maunbari）花园。

蒂斯都花园与岩洞

一座地下花园

亨利·奥克利是英国铁路公司大西部铁路的一位董事，当地人称他"奥克利乡绅"。1893年，他在威尔士蒙默思郡购买了这块名为蒂斯都地产，并在这片地上建造了一座由地面（含多间大型温室）与地下两部分组成的神秘花园。他对园艺兴趣盎然，尤其是栽培蕨类植物、热带植物和花卉，他还在全世界遍寻乔木、灌木和草本植物，并将它们混种在一起，而那些来自异国的娇嫩植物主要在温室里精心养育。除了几座大小不一的岩石园外，他还建了一些池塘、溪流，图中这株植物的巨大根茎格外醒目。

不过，恰恰是由于他建造了地下花园而使整座花园独具特色：自成一体的人工石山结构奇特，包括地下隧道、人工洞室和天然岩洞，里面长满蕨类植物和其他喜阴植物。奥克利去世后，这个罕见的地下网络工程逐渐被遗忘，附近还建设了英国M4号高速公路。令人称奇的是，当这座花园突然出现在人们面前时，竟然稍加修缮就呈现出昔日风采，正如今天我们所见的一样。

马若雷勒花园

一座蓝色花园

在马若雷勒花园，建筑物罕见的蓝色和外部特征通过鲜明的建筑植物外形而达到相互平衡的状态。

在摩洛哥炎热的气候环境下，这所位于马拉喀什市的花园是一个避暑的好去处。生于 1886 年 3 月 7 日的法国艺术家雅克·马若雷勒在他于 1923 年建成的别墅中添加了这所花园。经典的小型水渠、喷泉和水塘都被赋予了一种强烈色彩，即以这位艺术家名字命名的蓝色——"马若雷勒蓝"，这独特的蓝色与花园中郁郁葱葱、生机勃勃的花卉和树叶相映成趣。在 20 世纪 50 年代他与妻子离婚前一直住在这里，那时花园中种满了他采集的非同一般的植物，后来花园开始衰败。1980 年，时装设计师伊夫·圣·洛朗和搭档皮埃尔·贝尔热买下这所花园。他们两人共同努力，恢复了它往日的辉煌。

这所花园内建了柏柏尔博物馆，主要介绍生活在北非的柏柏尔民族的历史文化。2017 年，一座伊夫·圣·洛朗博物馆在花园附近正式开放。

"瑞得种子"公司
"瑞得杯花园"

照片中这幢浅色玻璃结构的温室旁边的红砖建筑过去是"瑞得种子"公司的办公室,该建筑的底部是一个时代文物密藏器,其中装有瑞得公司一包种子、一本种子目录和这家公司的历史。

位于英格兰赫特福德郡圣奥尔本斯市的"瑞得种子"公司,由于采用了邮寄订货服务模式,因而对客户的反应速度大大加快,取得了巨大的商业成功。19 世纪 90 年代,塞缪尔·瑞得创立了这家企业,20 世纪 20 年代初成为一家上市公司,很快就雇用了 300 名员工。这个装饰艺术展览大厅温室位于圣奥尔本斯市中心的霍利韦尔小山丘上,于 1930 年对外开放。温室由珀西·布洛设计,主要用于推广公司的产品,对展示的植物进行说明。

瑞得十分热心社区事务,支持当地慈善活动。作为圣奥尔本斯市园艺协会主席,他制作了一只银制杯子,作为获得园艺奖的奖杯。如今这家公司和协会都成了历史,但这座鲜为人知的奖杯仍由当地一家名为艾莱茨的苗圃保存着,并继续作为当地的一项年度园艺奖,当然,与同样名称的"瑞得杯"的区别在于,后者作为一项国际高尔夫重要赛事,每两年举办一届。

中国苏州的网师园

一座具有多个诗情画意名称的花园

由石墩或岩石支撑的各式古典亭阁宛如悬浮在池塘上，花园中植被有开花的乔木、常青灌木、竹林和一块块低矮的装饰性草坪。

苏州以极其精美的古典园林而闻名天下，一些人认为这座网师园是其中之最，但它只是一座规模较小的花园。早在1140年，在该园址所在地就有一座花园，但由于年久失修，渐渐破败。1785年，一位名叫宋宗元的人士买下此地，他对花园重新进行了全面设计。这座花园虽然是一位学者的，反而以渔民的隐居所取名，整座花园展示了中国园林设计的古典元素：一个居住区、一个中心主花园和一个内花园——所有这些区域都由各种建筑物和不同的结构物相连接并且极其协调。

遍布花园的大小空间和各式亭阁的名字也都具写实风格。例如，穿过居住区进入花园中心的入口称为"集虚斋"，并配有"彩霞池"，环绕四周的是"濯缨水阁""月到风来亭"，而"殿春簃"及其庭院直通"看松读画轩"。

英国格洛斯特大教堂的中庭

从国王理查二世到哈利·波特

这里曾经是这所修道院忙碌的一个区域，现在是一片静修、洗涤心灵的安宁之地。

哈利·波特的影迷们会认出这座大教堂的回廊精致的扇形拱顶建筑，英格兰格洛斯特郡的格洛斯特大教堂曾是哈利·波特系列电影中的一处场景，但位于回廊中间的这座花园却并不为人所知。其实，在中世纪，修道院的中心位置均留给回廊和花园，又称"中庭"，这座教堂最初也是这样，唯一不同的是，这些回廊坐落在主体建筑的北侧并不常见（通常教堂的回廊都在南侧）。

1378年10月，年轻的理查二世国王在该教堂辖区内的某个房间中召开了一次议会会议，陪同的廷臣们在这所花园上演了闹剧。对此，教堂的年代史编者有这样一段记录："回廊的绿植被摔跤和球类活动碾压成草甸，可谓寸草不留。"

现在，这是一处冥想之园，参观者在这里能看到游隼在教堂钟楼四周盘旋。

希罗尼穆斯·博施的《人间乐园》
（1490～1510）

敬神者与无神者共享的乐园

《人间乐园》（橡木板油画，1490～1510）由希罗尼穆斯·博施所作。

这幅三联的油画是荷兰艺术家希罗尼穆斯·博施艺术生涯的晚期作品，也是从内容到构图最复杂的一幅作品。尽管画的名称是由现代人所取，但此画代表着这位艺术家生活的那个时代人们的宗教信仰和道德追求。因为当时许多人都不识字，博施希望人们能够像阅读书籍一样从此画中得到启示。整幅作品以圣经故事为大背景，着力从刻画的生动性上下功夫，重点表现了《创世纪》、尘世天堂伊甸园、第一次诱惑和堕落，追求肉体欢愉和感官刺激而产生罪孽、欺骗和虚假天堂，并将这些概念与想象中的野兽交织在一起，用超现实主义的景观加以强化。这位艺术家还将诅咒、地狱和刑罚降临在不同的作孽者身上，并将这些作孽者反映中在右侧的画面中。

塞津科特的庄园

印度影响力的展现

塞津科特的这座建筑及其天堂花园与格洛斯特郡的乡间风情格格不入。

在英格兰格洛斯特郡植物繁茂的山林中突然发现一座印度莫卧儿风格的建筑实在令人惊奇。1805 年，塞缪尔·佩皮斯·科克莱尔为他的兄长查尔斯爵士设计了庄园及一组花园，因为查尔斯爵士曾经在印度度过一段时光，汉弗莱·雷普顿在做地面部分整体规划时也充分考虑了这一重要因素，因此装饰部分包括一座印度风格的小桥和几头婆罗门教中的神牛。

不过，照片中的天堂花园建于 1968 年。克兰沃特夫人在一次游历印度过程中受到启发，与格雷厄姆·斯图尔特·托马斯合作进行设计。这种查哈古尔式花园位于建筑的中心，十字小径与温室入口相连。

赫谢尔天文学博物馆的花园

一座探索之园

赫谢尔的住宅现在是赫谢尔天文学博物馆，花园被设计成植被密布，颇具一所乔治王朝时代联排建筑的典型风格。

在探索深空方面，我比任何前辈都看得更远。

——英国天文学家、天王星的发现者威廉·赫谢尔

1781 年 3 月 13 日，威廉·赫谢尔使用自己设计和制作的望远镜，在英格兰巴斯的家中花园观测星空时，发现了第七颗行星天王星。在那之前，人们一直认为地球所在的太阳系只有六颗行星。

赫谢尔出生于德国，作为音乐家来到英格兰，在巴斯工作。他自学数学和科学，对天文学极感兴趣。他发现现有的望远镜质量很差，就下决心在家里自己制作更精良的仪器。这个过程充满风险，其中就包括金属熔炼。他的姐姐卡罗琳在英国协助他一起完成这项工作，她本人也是一位优秀的天文学家。

乔治·伊士曼博物馆（宅邸）

一座完美图片花园

上图：建筑物旁边的规整小园地，人们在此时刻都准备着照相。

对页上图：瀑布周围的自然主义植物。

对页下图：蔬菜、禾草和鲜花与装饰性植物完美交融在一起。

乔治·伊士曼是大众摄影和电影（活动画面）的先驱。他创立了伊士曼·柯达公司并取得成功，他使普罗大众能便利地拥有照相机，推动摄影悄然走进千家万户，伊士曼也因此获得巨大财富。

伊士曼于 1932 年 3 月 14 日去世，之后他生前建好的这座大宅院成为一座摄影博物馆，位于美国纽约州罗切斯特市。该馆于 1949 年对外开放，是世界上历史最悠久的摄影博物馆，收藏了大量来自各国有关摄影的资料，其中包括许多早期稀有的花园影像。

伊士曼的花园由景观建筑师阿林·斯蒂芬·德福雷斯特设计，整座花园将种满鲜花的小园地、长长的绿廊和下沉式水塘等融为一体。由于在对这座花园上的修复和日常维护过程中留下了大量的真实的影像资料，其中的一些内容可供所有的园丁模仿，借鉴。

新西兰艾尔莱斯花园
一座世外桃源

这是新西兰最精美的花园之一，位于奥克兰市。贝弗利和马尔科姆·麦康奈尔将他们于1964年买下的奶牛场和牧场改变成华丽的花园空间系列，每个空间都各具特色。植物的选择既要考虑沿海气候，又必须顾及土壤条件，尽可能满足这些要求。一些具有水源的区域看上去更具天然的外观背景，可以栽种树蕨、根乃拉草、木兰、玫瑰和外来的龙舌凤梨等植物。

四季庄园
从花园到餐桌

作为大厨，雷蒙德·布朗是在花园种植蔬菜和香草作为自己餐厅食材的开先河者之一。对于餐馆来说，蔬菜等运输路程越短品质就最优，品相也最好，而布朗的花园因此占了先机，他的花园位于英格兰牛津郡的四季庄园。布朗目前正在这座庄园中重新栽培英国和法国一些老旧品种的苹果树。

鲍尔斯考特花园

一座带有人工修建的斜坡的花园

圣帕特里克节期间，站在鲍尔斯考特花园漂亮的巨大的坡地和台阶上，映入眼帘的喷泉、水池和远方的威克洛山构成一幅美轮美奂的风景画。

鲍尔斯考特花园位于爱尔兰威克洛郡恩尼斯凯里，站在鲍尔斯考特花园斜坡顶端，掠过特里通水塘，眺望独具特色的优美的舒格洛夫山，没有比这样庆祝圣帕特里克节更惬意的了。我们现在见到的花园主要是由建筑师丹尼尔·罗伯森设计的。斜坡、宽阔的台阶和整齐的各区域修建于19世纪中叶。据说仅仅是改造台地和大斜坡就投入100个壮劳力，耗时超过12年。当时他们还没有机械化设备，只是使用普通的园艺工具来完成土方工程，这确实了不起。其他分区分片逐渐栽种上了由鲍尔斯考特勋爵收集的松柏和乔木。这座花园可谓人工行为与自然景观精妙结合的杰作。

雷普顿的《红书》
一座座花园徐徐展开

翻开雷普顿的《红书》的一页，这幅水彩画面上的场景展现了他设计"之前"的场景，和通过插入他设计的"之后"的场景的画面，前后变化显示的就是他的设计思路。

作为英国19世纪最后一位伟大的景观设计大师，汉弗莱·雷普顿的确是那个时代景观设计风格的引领者。在遭受商业生涯挫折后，希冀另起炉灶，他将对植物的兴趣变为学习景观园艺设计的强大动力。

在设计时，雷普顿不仅善于因地制宜，例如巧用地形等，还重视客户的住处及其生活方式。著名的《红书》就是他流传至今的设计方案。这个创新性的合订本显现了他在细节方面的思路。他先会给客户展示"之前"场景的水彩画，用滑动或上下移动部分区域来展示完成设计"之后"的情景。实际上，这就是在18世纪末和19世纪初展现的"虚拟现实技术"。

海特·卢宫的花园
一座昔日风采永驻的花园

布置整齐的花坛看起来干净利索，像一块巨大的十字绣样本。

1689 年，加冕成为英格兰的国王和王后的威廉三世和玛丽二世，对位于荷兰阿珀尔多伦市的海特·卢宫的这座花园进行了修缮。结构复杂的黄杨花坛和充满碎石的刺绣般花园由丹尼尔·马罗设计，他是一位胡格诺派教徒，1685 年逃离法国。为了使王后免受太阳直晒，他特地在高树篱中设计了一条林荫道。到了 18 世纪，英国景观风格的花园受到追捧，所以这座法式花园的所有布局均遭遗弃。

20 世纪 70 年代，花园恢复了原样。今天，这座花园受到精心维护以保证其在 1700 年时的风采永驻。

德埃斯特别墅

水景园艺

巧用水能和陡坡会产生壮观的效果,正如在德埃斯特别墅所看到的众多特色水景。

在意大利古城蒂沃利,有一座文艺复兴时期的花园。花园是为主教伊波利托·德埃斯特下令修建的,他出生于1479年的这一天。皮罗·利戈里奥设计了这座花园,贡献巨大。当时,他在花园设计领域一言九鼎。

台阶状陡坡自入口处逐渐显现。入口原来在最底层,现在顶部。在园中,水是主题,并在多种不同地形中得到充分展现,特别是水利工程在花园建设中的地位,而今天仍然如此。那个时代根本就没有抽水泵,每处喷泉都是由水的重力作用。现在,有一处隐匿的机械装置会触发一个名为"猫头鹰喷泉"不时喷射,令游客猝不及防。一个名为"百泉"的三级平台是花园的另一个著名景观。

那位雄心勃勃的主教未能实现担任教皇的梦想,但他的这座壮观花园流传至今。

法国埃特尔塔花园

满怀情感的花园

这组人面雕塑表现了各式各样的人类情感，它们好像是"漂浮"在这些修剪过的锦熟黄杨有质感的表面。

埃特尔塔花园由 7 座小花园组成，是俄罗斯设计师亚历山大·格里夫科在他诺曼底海滨的家（罗克谢兰别墅）中修建的。自 2017 年起，他经常站在海滨陡峭悬崖顶部眺望美丽的英吉利海峡景色，沉思如何能更好地利用眼前的这些棘手峭壁，并赋予它们内涵。他的最终决定是在一片斜坡上体现他对历史的尊重，一个室外当代艺术走廊应运而生。在这里植物变成了灵动的雕塑。这个艺术长廊有一个长久不变的宗旨，即保持一个核心藏品，并且每年举行不同的展出。照片中的这座"情感花园"的创作灵感来自法国第一家牡蛎养殖场，这家养殖场位于峭壁下边的海中，由玛丽·安托瓦内特所拥有。修剪整齐的锦熟黄杨代表着海底景观，衬托着西班牙艺术家塞缪尔·萨尔塞多创作的一组人面雕塑作品"雨滴"。在整座花园中，这组象征着雨滴的人面雕像代表着人类的复杂情感，希望能够激发出参观者对这座花园的不同情绪反应。

珀尔·弗雷尔整形花园

一份献给所有人的礼物

这座花园免费，因为它是献给所有人的一份礼物。2015年，美国国家花园保护委员会授予它"全美最著名50座花园之一"称号。

对我来说，建造一个花园无关紧要。我所希望的是营造一种感觉，一旦你徜徉其中就会产生与刚进来时不同的感受。

——珀尔·弗雷尔

美国南卡罗来纳州毕晓普维尔市的珀尔·弗雷尔是自学成才的整形花园艺术家，从1984年开始修建这所花园，采用的是当地植物苗圃肥堆上废弃的植物。今天，这所占地1.2公顷的花园是数百种独特修剪过植物的家园，也是"垃圾艺术"雕塑的根据地。

弗雷尔是第一位获得所在地颁发"月度最美庭院奖"的非洲裔美国人。他的善良、敬业和积极人生态度远近闻名。为了效果更加突出，他还特地建了红色花坛并种上特别的植物。位于这幅照片中心的这个图案不是仅仅用来欢庆节日的，而且与他一同传递出这样的信息："爱好和平、与人为善。"

英国花园博物馆
一座承载历史的花园

你眼前的庭院式花园坐落在英国伦敦兰贝斯区的花园博物馆的中心，记录着英国花园文化和园艺发展的往事。该庭院式花园最早建于 1976 年，当时为拯救面临拆除的兰贝斯圣玛丽教堂，教堂的院落埋葬着约翰·特雷德斯坎特父子。父子二人都是 16 ~ 17 世纪英国著名的植物学家和园艺大师。

2014 年，博物馆扩建了具有现代风格的附属建筑，而花园由丹·皮尔森重新设计。他从特雷德斯坎特父子的植物收集之旅中获得灵感，还从其他从古至今的著名植物收集者的活动中受到启发。这片安宁的花园博物馆拥有罕见的植物和与建筑相匹配的树叶，并环绕在特雷德斯坎特父子和威廉·布莱墓地周围。威廉·布莱是英国皇家舰艇"邦蒂"号的船长，这艘船曾经有过一段"兵变"的历史。

THIS IS THE PICTURE OF THE OLD HOUSE BY THE THAMES TO WHICH THE PEOPLE OF THIS STORY WENT HEREAFTER FOLLOWS THE BOOK IT. SELF WHICH IS CALLED NEWS FROM NOWHERE OR AN EPOCH OF REST & IS WRITTEN BY WILLIAM MORRIS.

凯尔姆斯科特庄园
《乌有乡消息》的花园

1892 年，威廉·莫里斯创建的"凯尔姆斯科特出版社"出版了他自己的《乌有乡消息》，其封面展现了这座宅子和前花园，作为英国早期社会主义者，他认为这就是乌托邦的样子。

1871 年，威廉·莫里斯发现了历史上著名的凯尔姆斯科特庄园，位于英格兰西牛津郡凯尔姆斯科特镇，他十分赞赏这座当时现存的花园。这位出生于 1834 年 3 月 24 日的织物设计师、作家、建筑物保护专家、社会活动家和英国"工艺美术运动"的领导者在当时威名远扬。

尽管他只在凯尔姆斯科特住了很短一段时间，那里也从来不是他的主要居所，但这所宅子连通花园所包括的每一样东西他都认为具有特殊含义，对此，他曾描述道："这简直就是人间天堂……，花园更是如此！"自然与花园总是激发出他的设计灵感，从而创作出众多非常著名的设计。这座花园也因此不断被赋予某些新的特殊意义，这些意义莫里斯或许会认可。

莫里斯有句名言："在你的房子里，不要有你不知道有用或不相信是美丽的东西。"对于花园，同样适用。

英国伦敦城东区教堂花园中的圣邓斯坦

和平圣所

植物大大强化了伦敦城东区圣邓斯坦的残垣的"凋零"气氛，这反而使它在伦敦城中心区"喧嚣"中显得格外静谧与平和。

在部分真正的伦敦人心目中，这处别具一格的空间是城中最浪漫的花园。这些残垣断壁才是历史的真正见证者。此地的第一座教堂约建于1100年，但不幸在1666年的伦敦大火中遭到严重损毁。之后，建造大师克里斯多弗·雷恩牵头重建或修复伦敦所有遭大火肆虐的教堂，并亲自重新设计的这座教堂的修复方案并根据该方案进行了重修，不幸的是，除了塔楼和尖顶幸存以外，其余部分都在1941年纳粹德国对伦敦的大轰炸中成为瓦砾。

第二次世界大战后，根据英国政府的一项决定，这座教堂连同伦敦大区其他一些幸存下来的但受损严重的古老教堂均不再重建。1967年，伦敦城市政局决定将该教堂遗存部分改为公共花园。几把休息木椅、一个喷泉和覆盖了爬墙植物的一堵古老教堂残壁使它的神圣氛围更加浓郁。

法国图尔市维朗特利城堡

菜苗圃的观赏性

设计上的整齐划一及严格对称与花草植物实现了完美和谐与统一。维朗特利闻名的菜苗圃是一处非凡的果蔬花园。

人们可能会误认为这个完美整齐的法国观赏性家庭果蔬花园是与其后面的那座 16 世纪法兰西风格城堡同时建造的，其实不然。当西班牙医生和医学研究者约阿希姆·卡瓦罗在 20 世纪早期购买这处地产时花园已经变成了英国传统景观格调。

卡瓦罗修造了一系列整齐的平台，把花园的核心要素——漂亮而丰产的菜苗圃置于最低处。他还精心设计了"爱之园""十字园"和种满鲜花的"装饰园"。整座花园总体布局像一块巨大的拼布床单，纹理强烈，色彩斑斓，令人赏心悦目。

微型斯巴达

一座艺术家花园

"当代的秩序是未来的失序。"在微型斯巴达，厚重的花岗岩上铭刻着法国革命家安托万·德圣朱斯特的这句箴言，这些花岗岩勾画出花园及其大背景——远方的彭特兰山。

1978 年，苏格兰著名诗人、作家伊恩·汉密尔顿·芬利将他在苏格兰南拉纳克郡顿塞尔镇的家和花园的名字从"斯托尼帕斯"一起更改为"微型斯巴达"。这反映出他将自己的花园从消遣之所转变为一件多层次艺术品的理念，而这件艺术品包含多件雕刻类作品，这些作品既含传统的隐喻，又蕴藏着深刻的意义。

这座花园看起来与整体景观成为一个有机体，更是一座名副其实的艺术家花园，而不是园艺家花园。芬利于 2006 年 3 月 27 日离世，他始终相信诸如柳兰等的杂草在自己的这座花园应有一席之地，但多产的自授种子植物需要认真打理，以防它们疯长乱窜到不属于自己的世界。

修道者之家
一座描述自家空间的花园

弗吉尼亚和伦纳德就是在这所花园长眠于世的。两棵欧椴树、碑匾和半身像纪念着他们，其中的欧椴树替代了原来的两棵榆树。

英国作家、平权主义者弗吉尼亚·伍尔夫的花园位于英格兰东萨塞克斯镇，她总是习惯穿过花园走到写作室，那是她和丈夫伦纳德专门修建的，1936年末完工后她就一直在此写作。写作时，她喜欢用钢笔和墨水，并且有时站着，有时坐在一把破旧的椅子上，眺望着花园并观察开花的场景。她和伦纳德的园艺风格不太一样，伦纳德重视设计，精选植物，精心种植养护，而她则是发现了一些将杂草变为各种各样游戏的方法。

弗吉尼亚在这里创作了她的一部分重要作品，如《达劳威夫人》。1941年3月28日，她离开工作室，在欧斯河投水自尽，此前给丈夫写了一封诀别信。

美国费城巴特拉姆花园

美国植物学之父的花园

这个宁静的花园曾经是植物学学术活动的中心,新发现的植物和种子运到这里,又被分送给全世界的植物学家和植物收藏家。

约翰·巴特拉姆是北美殖民地早期的植物学家、园艺学家和探险家。卡尔·林奈认为他是一位不同寻常的植物学家,被尊为美国植物学之父。他修建的这座花园是第一批栽植大量北美洲原生植物的园林之一。巴特拉姆与当时全球的植物学家几乎都建立了联系,因此收到了许多外来物种,并将它们种植在这座花园里。他还在这座花园中修建了一片苗圃,分别为弗农山庄的乔治·华盛顿和蒙蒂塞洛庄园的托马斯·杰斐逊的花园供应植物。巴特拉姆引进了数百种植物进行培育,还将其中一些送给远在英国的植物学家和植物收藏家。他本人也是一位植物搜寻者,还去过当时还不是英国殖民地的佛罗里达。1765 年,乔治三世任命他为英国国王驻北美的植物学家,当时年薪 50 英镑。

凡·高的《阿尔勒医院的庭院》(1889)

一座黄蓝色相间的花园

凡·高在这幅画运用的色彩预示着春天的希望，花园里生机勃勃，新生命接踵而至。

文 森特·凡·高的作品充分展示了色彩、情绪和精神健康之间的关系。这位艺术家曾于1889年在阿尔勒医院住过几次院。在他神志清醒期间，院方允许他离开病房进行创作，这幅画就是他住院期间的作品之一。

尽管画中的树枝干枯，但当人们俯视花园时，五颜六色的花朵、中央圆形水塘中橙色的鱼和明亮的柱子传递出乐观向上的基调。凡·高出生于1853年的今天，他喜欢描画日常的主题，对他而言，绘画是一种情绪宣泄方式。

比利时斯霍滕花园

云状树篱花园

在德克·埃曼拍摄的这幅照片中，维尔茨在一排修剪成云状的黄杨树篱丛中信步。

这是位于比利时安特卫普市的颇具影响力的一座私人花园，其主人是知名景观设计师、园艺师雅克·维尔茨。作为花园的一部分，园内的植物苗圃直接为他的设计工作室——"维尔茨国际"提供研究支撑，这个设计工作室由他和两个儿子彼得和马丁共同负责日常工作。

维尔茨接管这座花园之前，园内的黄杨树篱并不受重视，由于维尔茨的云状修剪技术使树篱变成了较大、短粗的毛虫状景观，正是这一点成为这座花园最突出的特色之一。利用古典传统技术进行创新是维尔茨工作的鲜明特征。花园的植物苗圃有一些大型常青样本专门用于一些受委托的设计工作。

康汀雷仙女
一座仙女花园

两个小女孩愚弄人们多年，甚至连那些自诩的"专家"们都中了招。

第一次世界大战期间，弗朗西斯·格里菲思和家人从南非搬到英格兰西约克郡布拉德福德市的一个村庄康汀雷。1917 年 7 月，她与表姐埃尔希·赖特在花园外拍摄到了一个仙女。赖特使用的是她父亲的照相机。当她父亲发现这个仙女时，他认为这是孩子们搞的一个恶作剧，随手就把仙女去除了。数周后，他在她们的第二张照片中又发现了一个小精灵，并删掉了。但埃尔希的母亲坚信人世间存在着超自然力量，就把那几张照片带到一个宣扬灵性的讲座上，结果逐渐流传开来。当几家杂志将这些照片登出来后，引起巨大轰动。一些专家对照片的真实性进行的研判也没有得出任何结论。苏格兰大作家亚瑟·科南·道尔爵士笃信灵性，他以这两位姑娘的故事为题材创作了一部短篇小说并发表在 1920 年 12 月的英国配图短篇小说杂志《岸边》上。然而，关于这两个仙女的真伪的争论一直持续到 20 世纪 60 年代，直到 80 年代那个小把戏才被彻底揭穿。

伯勒尔收藏的《瓦格纳花园地毯》

永恒的春天花园

这块描绘永恒春天景象的地毯原来的主人们可以将它卷起来作为旅途中的陪伴，只要将它展开主人即能置身于一座天堂花园里。

我们可以张开想象的翅膀，去大胆憧憬一座春天永恒的花园。这块春天永恒的花园罕见的波斯地毯是已知的第三古老的地毯，可追溯到17世纪，使用的是伊朗东南地区基尔曼的传统编织方法。

在这幅地毯中，两条小溪沿着水道从上往下缓缓流淌并与位于地毯中心的中央水池及其两条水道连接成为一个整体，共同构成了一座典型的"查哈尔·巴格式花园"，即由四个部分组成一座整体花园的设计风格。在这幅地毯中央部分一些修复过的地方，可能曾经有一个小亭。百花丛中和枝繁叶茂的树木里各种飞鸟、水中游动的鱼群和草坪上的昆虫和谐相处。这块地毯就是为坐卧而专门设计的。

苏格兰侏罗岛的巴恩山

一处与世隔绝的理想之地

那条沿着巴恩山边缘颜色稍深一些的这座花园的分界线，几乎完全与内赫布里底群岛的景色融为一体。

乔治·奥威尔在《一九八四》中写道："4月的一天，天气虽晴朗，但很冷，时钟正在敲击着13下。"

在创作经典小说《一九八四》期间，英国作家乔治·奥威尔总是从图中的这座花园向外四处眺望。他之所以选择并租下侏罗岛上的巴恩山，因为他认为这是一个与世隔绝、不易分心的理想写作地，正如他所说的，这是一片"无法抵达之域"。

《一九八四》于1949年6月出版，奥威尔在此后不到一年即不幸离世。他原先确定的书名是《欧洲的最后一个人》。这部描述未来世界的名著与巴恩山的这片花园息息相关，尽管它只是山里一片不能再简单的花园，甚至只有通过一段又一段由围墙或篱笆勾勒出的界线才能依稀可辨那一片凄美的荒凉，这种感觉与《欧洲的最后一个人》似更契合。

101

美国的朗伍德花园

从贵格教徒农场到声名远播

朗伍德花园壮观的温室是这座花园的心脏部分，在一年的任何时候都可以在这里欣赏到一系列季节性植物。

特拉华州威尔明顿市的朗伍德花园是美国最著名的花园之一，很难令人相信的是，原来这里只是贵格教徒经营的一个粗陋农场，大商人皮埃尔·S.杜邦于1906年买下这个地块后花了30多年的时间修建了一系列花园区域。1954年的今天是皮埃尔去世的日子。

这座花园的温室是一个体验园林艺术世界博大精深的地方，园内不同区域有不同的风采，并且随季节变化或争奇斗艳，或独领风骚。朗伍德花园因此也成为一个令人时时刻刻都感到惊艳的地方。

美国弗里克收藏馆的花园

闹市中一小片绿洲

即使是像图示这样的小型公共花园也能激发出强烈的情感。根据相关计划，这座博物馆和花园的修复将于2024年底前完成。

在美国纽约市的弗里克收藏馆新扩建的附属建筑启用并对外开放之际，1977年英国花园设计师罗素·佩奇专门设计了附属建筑旁的这座花园。收藏馆的院墙和栅栏将花园从街道分割开来，使花园成为一闹中取静的空间。尽管花园没设公共入口，人们只能从人行道和馆内观赏，但它仍然是曼哈顿喧嚣繁忙中的一片小绿洲，给人心灵须臾安宁。

弗里克收藏馆和花园的修复工作目前仍在进行中。为确保实现佩奇的关于使花园能够永续的初衷，整个团队由古迹保护建筑师贝伊·布林德·贝尔和著名公共花园设计师林登·米勒领衔，弗里克收藏馆的园艺学家盖伦·李也提供咨询服务，因为李对佩奇有知遇之恩。当年修建这座花园时，正是佩奇的大力举荐，李出任园艺师并一直全面负责这座花园的日常业务。

庞特梅利翁度假村

主角"六号"的花园

庞特梅利翁度假村的建筑与大小不一的花园、各种各样的平台、风格各异的庭院和无数台阶交错在一起，成为 20 世纪 60 年代电视连续剧《囚犯》的理想外景拍摄地。参见第 69 页克拉夫·威廉姆斯－埃利斯爵士的花园。

满怀给人启迪的初心，建筑师克拉夫·廉姆斯－埃利斯爵士用了 50 多年的时间铢积寸累，最终建成这座意大利风格的度假村，整个工程由多栋多彩冰激凌色的建筑群组成，错落有致地分布在威尔士格温内思郡的一片斜坡上的一块林地中，除树木外，林地长满了亚热带植物，众多小庭院、各式喷泉、形态各异的水池和高高低低的绿化平台点缀其中。庞特梅利翁饭店于 1926 年开业，最后一栋名为"收费站"的建筑于 1976 年完工，此时廉姆斯－埃利斯已经 93 岁。

20 世纪 60 年代，英国电视连续剧《囚犯》在美国、澳大利亚和法国受到追捧，庞特梅利翁作为神秘的外景地赢得了国际知名度。如今《囚犯》的部分铁粉和剧中神秘主角"六号"的扮演者在庞特梅利翁举行年度聚会已成惯例。

阿灵顿街

一条镜头感十足的花园街

"整体大于部分之和"，将亚里士多德的这句名言用于概括阿灵顿街的门前花园的风采也许最恰如其分。

英格兰格洛斯特郡拜伯里村的阿灵顿街是英国上镜率最高的街巷之一。这些小片小片的绿化区连接成一条直线形"庭前"花园，为这些小村舍增添几分厚重感。

在14世纪时，这里最早是一家羊毛店，17世纪改建为羊毛加工工人的住地。长期以来，但凡到此的游客都会陶醉于这番景色。据说20世纪20年代时，亨利·福特造访拜伯里村时喜不自禁，曾考虑将整条街买下来，全部拆除并装船运回美国后重建，成为他酝酿中的一个主题公园的一部分。关于阿灵顿街的一幅照片曾被选为2010～2015年英国政府颁发的护照中的一种安全防伪图标。

105

阿什顿荒原

野花草甸花园

在阿什顿荒原上的这片繁茂草甸看似是天然生长的，没有任何人工雕琢痕迹，其实那里的一花一草都含有罗斯柴尔德多年用心用情培育的汗水。

英格兰北安普敦郡的阿什顿荒原，堪称野生花草与草原园艺技术的一个典范，充分反映出米里亚姆·罗斯柴尔德对于这座花园的深情。作为一名博物学家、动物学家、昆虫学家和寄生虫学家，她是全球公认的跳蚤和蝴蝶研究领域权威，也是一位著名的自然保护先驱者。罗斯柴尔德继承家宅时，从一些废弃的飞机场采集了野草草籽，将自己房屋周围的草坪改变成自然生长的草甸。最为人们所称道的是，她使用自己培育的一种被戏称为"农夫的梦魇"的"混合型草种"，帮助国王查尔斯三世在海格鲁夫（参见第133页）的乡间别墅修建了一片开满野花的草场。

美国宾夕法尼亚州磨坊溪的"瀑布屋"

浸润在大自然花园中的一座住宅

在弗兰克·劳埃德·赖特的设计建筑作品中,"瀑布屋"无疑是超乎寻常大胆尝试的一件杰作,也是其"有机建筑"理论的生动体现。这座房屋与大自然完美地融合在一起。

将瀑布元素纳入房屋建造是现代居家建筑中最受重视的风格之一,在建筑设计师弗兰克·劳埃德·赖特长期职业生涯中所完成的众多知名建筑设计中,这一点正是他所追求并最有建树的,这所被国际广泛承认的"瀑布屋"就是一例。1959年的今天这位设计师离世。

赖特为考夫曼家族设计的这座房子于1935年建成,它看起来完全是周围自然景观的有机组成部分,图中这条从阿巴拉契亚山脉中的一条小溪——比尔兰溪流(Bear Run stream)旁流出的"小瀑布"似乎是从这所房子几个大型露台中最下面流出来的。建筑物的这些突出部分由几个花园区构成,浸润于大自然中。"瀑布屋"的核心是一套复杂的悬臂系统,人们虽然看不见这套系统,但它对这座建筑的正常存续必不可少。

美国纽约长岛老韦斯特伯里花园

一座了不起的盖茨比花园

超越时光的老韦斯特伯里花园一直保存到了今天，而与它同时代的许多长岛建筑物都早已荡然无存。

《了不起的盖茨比》出版于 1925 年的 4 月 10 日。书中的主角杰伊·盖茨比拥有一座被描述为"消沉"的公馆和花园。作者 F. 斯科特·菲茨杰拉德利用色彩象征性地描述情绪和情感，将书中的不少重要事件的发生地安排在盖茨比的花园，而草坪的扩张代表着暴富的某种隐喻，季节轮替和植物生命的周而复始显示了衰败堕落和命中注定这两个主题。

老韦斯特伯里花园是长岛少有能够幸存下来的豪华建筑之一。它显示了房主们的地位，这些房主在 20 世纪初修建了这座花园，与书中描写的盖茨比锦衣玉食的生活方式十分相仿，读者因此很容易想象出在这座豪宅和花园的大小露台、各式草坪上，那些衣冠楚楚，珠光宝气的豪门贵客三三两两觥筹交错、高谈阔论的场景。

阿伦德尔城堡

郁金香节

在阿伦德尔城堡，郁金香增添了春天般的斑斓色彩和生气，使城堡内的这座鲜花迷宫更加绚烂多姿。

阿伦德尔城堡位于英格兰西萨塞克斯郡阿伦德尔镇，其郁金香节在每年4月举办。节日期间，许许多多的独具特色的区域都精彩呈现。为此，在前一年的秋天就要精心谋划和设计出每一部分的配色方案，并栽种上成千上万株郁金香和其他春季鳞茎植物。

几个月之后，这座迷宫就会变成涟漪般的郁金香和水仙花的海洋，令人徜徉其中，在不经意中陷入沉思、流连忘返。

109

荷兰代德姆斯法特市的米恩·鲁斯

示范性花园的创作者

这些具有示范性意义的花园展示了园艺师们的一种前瞻性设计方法及其实施的结果，这种方法能满足部分人们对现代生活的需要。

米恩·鲁斯于1904年4月12日出生，是20世纪的景观建筑师和花园设计师之一。在荷兰，她从20年代中期开始在父亲的温室里逐渐修建了多处小型示范花园。

在获得从业资质后，她设计了许多项目，出版了多本著作并在不少期刊上发表文章。鲁斯继续在位于荷兰的代德姆斯法特市不断增建花园，包括1954年修建的水上花园。用今天的眼光评判，这座水上花园仍然极富令人惊叹的现代感。鲁斯所建的一些花园不但展现出她通过采用丰富多样的材料使花园既实用又美观的才能，而且依然激励并引导着当今那些"跃跃欲试"的花园主人们设计并培育出自己别具一格的花园。

蕾切尔·卡逊的《寂静的春天》（1962）

颇具影响力警告

卡逊警告道，如果人类继续滥用农药，在未来的春天里就再也听不到鸟鸣。如果一个世界没有大自然和无数花园的存在，无异于扼杀了人类创造性的灵感。

蕾切尔·卡逊曾担任美国渔业和野生动植物管理局的海洋生物学家，出版了三部以海洋为主题的著作。作为一名生态学家和自然资源保护主义者，她预测到全球变暖现象。《寂静的春天》是她对全球环境保护活动最具影响力的著作。卡逊在书中强烈反对"不计后果和不负责任地毒害这个世界，而这个世界正是人类与其他生物共享的家园……"，但当时有些人对她的观点不以为然。

卡逊详细阐述了在土地中使用杀菌剂、除草剂和杀虫剂与美国的野生动植物大量死亡之间的关系，并进一步分析了这种关系如何破坏生态并给人类带来灾难性的后果。结合自己多年的工作经历和一些国家的政府职能部门所发现的各种问题，她更加坚信自己的判断，并通过《寂静的春天》对国际社会发出警告：人类生活的这个世界将再也听不到鸟儿在拂晓时分悦耳的合唱，再也没有昆虫为植物授粉。

荷兰利瑟镇的库肯霍夫

终极的春天鳞茎植物花园

一片片紫葡萄色风信子在一簇簇明亮的黄色水仙和生机勃勃的郁金香中静静绽放。在库肯霍夫，春季鳞茎植物最为抢眼。

如果将库肯霍夫（Keufenhof）翻译成英文，意思就是（家庭）果菜花园，这记录了一段该词的词源——15世纪时，巴伐利亚的杰奎琳在她城堡周边的这座花园里集中栽种了各式各样的蔬菜和香草。

不过，我们今天在库肯霍夫看到的这座开阔林地属于典型的英国景观风格，是景观建筑师简·戴维·措赫尔于1857年重新设计的杰作。

库肯霍夫之所以闻名天下，是其春天盛开的鳞茎植物，它们五彩缤纷，艳丽多姿。每年秋天，700万株鳞茎植物必须在圣诞节之前的三个多月由人工种植完毕。这座花园对外开放的时间十分短暂，即在每年的花卉盛花期。

"泰坦尼克"号纪念花园

一座象征着冰与水的花园

这份名单镌刻着在那次海难中所有不幸失去生命的人们,这是一种强烈的宣示,撼人心扉!尤其在4月15日,"泰坦尼克"号沉没的祭日。

"**泰**坦尼克"号纪念花园坐落在英国北爱尔兰贝尔法斯特市政厅的东侧,为了纪念所有在那次海难中丧生的人们,这座公园在灾难发生100周年纪念日时正式对外开放。1912年4月15日凌晨,这艘邮轮不幸沉没。在这块纪念碑的设计期间,人们发现了其他几座"泰坦尼克"号纪念场所未提到的遇难人员的名单。为了弥补这个缺憾,这份"贝尔法斯特名单"刻满了1512个名字,这是一份准确的全体遇难人员的完整名单,包括所有客舱等级的购票旅客、船员、音乐家和邮政人员。花园专门选择了蕴含春天特色的植物,与这次海难发生的时间相呼应。象征安息的色彩主基调表示由冰与水造成的余悸。某些特定植物具有象征性意义,如迷迭香表示对逝者的追忆,蓝色勿忘我草的含义不言自明,桦树象征着生命的重生与轮回。

为纪念这次海难,人们较早以卡雷拉大理石为材料建造的一座纪念碑于1920年揭幕。

左图：被绿植覆盖的绿廊变成了一个人行道廊道花园。

对页上图：佩托把包括树根柱子在内的古代石头特征融入了他在伊福德庄园的花园。

对页下图：由于天文学家格伦南的诸多伟大发现，爱尔兰都柏林附近的夜空因此显得黯淡无光，令人叹为观止。

法国巴黎勒内·迪蒙的绿色廊道

一座供巴黎人散步的花园

勒内·迪蒙的绿色廊道于 1993 年正式对外开放，是世界上第一个绿色廊道花园。建筑师菲利浦·马蒂厄和景观设计与建筑师雅克·韦尔热利在万塞讷铁路线的废弃高架桥上创建了这处直线形花园。19 世纪中叶，该区域是一个铁路中转区。今天这里变成了从巴士底到博伊斯·德·万塞讷的一段 4.8 千米长的散步区，种植了多种乔木、各式绿植，还修建了形态各异的倒影池。有些区段比街道高出约 10 米，所以在沿线的一些屋顶也种植的各种植物，不时映入行人的眼帘。这条人行廊道不时穿过楼与楼之间的狭窄间隙，为穿行者增添了一种神秘感和冒险性。

伊福德庄园
用古老石头建造的一座花园

哈罗德·佩托在位于英格兰埃文河畔布拉德福德镇的伊福德庄园为自己设计了花园，他把意大利风格的几个平台区、诸多用于建筑的石头元素和各类雕塑巧妙地融入花园中，其中，他因地制宜设置挡土墙，并巧妙利用地形地势，其中一座小屋使用的两根石柱的历史可追溯到1200多年前。佩托的理念是，花园除植物外，石头的角色不可或缺，关键是使两者之间保持某种平衡，尤其是比例关系。

爱尔兰的花园顶棚或天文观测点
一位天文学爱好者的花园

2014年的今天，爱尔兰都柏林拉赫尼区的业余天文学家戴夫·格伦南，在他专门定制的花园顶棚里，用自制的望远镜发现了一颗惊人的超新星。这个棚子的屋顶经过特殊设计改造，能保证他用望远镜观天象总会抢得最佳时机。他的花园观测点仍持续保持着早期天文学家们的传统（参见第81页）。

4 月 19 日

达尔文在这条沙土
道上来来回回地踱
步，还用一种方法
记录走的次数。

达尔文故居
沿着花园的小径

查尔斯·达尔文对植物学情有独
钟，他认为植物和动物都是自
然进化、物竞天择的结果。他并不是
一位园丁，因此专门请人打理位于英
格兰肯特郡的家庭花园。的确，在发
展形成自己的理论过程中，他一直对
杂草和本地土生植物兴致盎然。

对达尔文来说，自家花园就是一
个思考、观察和做试验的场所。他沿
着多个长条绿化带中的一个修建了一
条沙土小径，这条绿化带的一侧种满
了本地树木，包括赤杨、桦树、榛树、
铁树和水蜡树；另一侧生长着一长串
的冬青。在他逐渐形成、审视自己的
科学理论过程中，他一遍遍地在这条
沙土小径上来回踱步。他的家人发现，
他每走一圈，就向小路内踢一块燧石
以计数，久而久之，就形成了一个小
石堆，堆在路边。

这条花园小径虽只是达尔文科学
发现中的一段旅程，但它与他的科学
成就本身一样意义重大。

1882 年的今天，达尔文与这个世
界诀别。

116

玛丽王后的"玩偶之家"

一所微型花园

众多植物、多把座椅和各式工具都是成比例缩小的。这所花园的每一个物件都处在一个最佳状态。

设计制作这个缩微景观杰作的初衷不是用于娱乐的，而是为了在1924年的大英帝国博览会展示而特别建造并作为礼物献给玛丽王后，这座花园的设计灵感来自王后童年的玩伴、丈夫乔治五世国王的表妹玛丽·路易丝公主。

花园的建筑师爱德温·勒琴斯也是路易丝公主的好友。整个工程招募了数百位优秀的设计师、艺术家和能工巧匠，是众人齐心协力、共同合作的结晶。其中，格特鲁德·吉基尔承担了设计小花园的工作，里面的每一个物件都按1∶12比例制成。整座花园还有一个区域在一个抽屉状盒子里，安置在基座中，可像抽屉随时拉出。这个缩微植物花园常年繁盛茂密，完美至极。1925年，吉基尔设计的这个"玩偶之家"被摆放在温莎城堡的一个房间内进行展示。

117

英国皇家林间小屋（"小农舍"）
一座小农舍花园

孩童时代的伊丽莎白公主非常喜欢这间"小农舍"和周围的漂亮花园。它至今仍是一处已故英国女王伊丽莎白二世家族最小一代的心仪之地。

1932 年，伊丽莎白公主年满 6 岁。这座可爱的小农舍是威尔士臣民赠送给她的生日礼物，它坐落在温莎的皇家林间屋地界区内，它周围这座简约的花园模式代表着修建的年代。不言而喻，这样的带花园的"小农舍"天生就是孩子们疯玩的天堂。最近一次修旧如旧后，立刻又成了皇室孩子们的乐园。

美国的莉兹·克里斯蒂花园

纽约市的第一座社区花园

1975年，莉兹·克里斯蒂在这座花园里休闲。

这座位于美国纽约市曼哈顿的花园，在1973年是一处废弃场地，当时一位名叫莉兹·克里斯蒂的纽约市民和一群称为"绿色游击队员"的花园积极分子在空地上投掷下"种子炸弹"，在合适的空旷地带种上植物。这处不被人待见的空间变成了纽约市第一座社区花园和闹市中的花园，激励着城市园艺师们参与其中。花园所在社区一直顽强抵制将此类空间廉价出售，它至今仍旧是喧嚣都市中的一小块绿洲。

4月22日是地球日，也是现代环保运动诞生的纪念日。

安妮·海瑟薇的小村舍

一座都铎王朝时代风格的花园

在安妮·海瑟薇的小村舍的这座花园里，4月鳞茎植物争相盛开，此地现在是一处旅游胜地。

莎士比亚戏剧中的许多情节都是在花园中展开的，在这位剧作家眼里，表现浪漫情调最佳的场景非花园莫属，因此他总是和朋友们去不同的花园，在一种"百无聊赖"中，边漫步边聊天，主题从严肃的政治到插科打诨，可谓五花八门，无所不包，但万变不离其宗——剧目主题。

图片中的这间农舍里位于英格兰埃文河上的斯特拉特福德镇，莎士比亚的妻子安妮·海瑟薇就出生于此，这片土地一直都属于她的家族直到19世纪末期才由莎士比亚出生地的信托基金买了下来。现在人们一看见这座花园，脑海里就会立刻浮现出眼前这座小村舍，它不仅仅只是一种历史印记，这一印记告诉后人莎士比亚时代这座花园的模样。虽然这位诗圣在这里居住过的可能性不是太大，但在他与安妮结婚前频繁造访是完全有可能的。

人们都认为威廉·莎士比亚出生于4月23日。更多关于他的剧作，请参见《第十二夜》（第16页）、《无事生非》（第38页）和《麦克白》（第227页）。

科林伍德·英格拉姆的花园

一座白色大樱花园

科林伍德·"樱花"·英格拉姆成功命名了"大白樱花"的一个种类。在把这种植物再度引回其原生地日本的过程中，他发挥了至关重要的作用。在他精选的许多插枝中，有一枝活了下来，现在仍然在京都的一座植物苗圃中成长。

作为一位鸟类学家和植物收集者，科林伍德·英格拉姆从1919年开始总共花了62年时间在英格兰肯特郡博奈顿镇格兰奇村精心培育这座花园，直到1981年去世。他对樱桃树深深的爱源自他的一次日本之旅。

数个世纪以来，樱花在日本一直备受尊崇，但由于染井吉野推广一种无性繁殖的樱花树（东京樱花）而导致日本不同品种的樱花树数量大幅减少。后来英格拉姆去日本时发现了一些濒危的樱花物种，便采下了不同的插枝带回英国。他应用自己的栽培技能和新嫁接技术来种植这些樱花树，然后再把它们送回原生长地日本，其中的一个品种被称为"黎明"或"破晓"在日本已经几乎绝迹。英格拉姆认出了这个品种正是他曾命名的"大白樱花"，并且在他位于萨塞克斯郡的另外一座花园进行培育。在经历过失败后，他最终获得成功并将它们送回了原生地——日本。

121

尼曼斯建筑及其花园

一座承载历史的花园

在尼曼斯建筑的受损部分，古旧的石制飘窗下生长着低矮树篱，它们与石墙上精心设计的图案细节珠辉玉映，浑然天成。

这座位于英格兰西萨塞克斯郡海沃兹希思镇的花园，以收集珍稀和独特的植物而闻名。这些植物与 1947 年被焚毁过程中幸存下来残垣断壁共同构成了一道亮丽的风景。

德国出生的商人路德维希·梅塞尔修建了这座花园，子承父业，他儿子莱昂内尔对花园进行了完善。父子二人都是优秀的苗木栽培者，照片中那些开着耀眼白花的尼曼香花木和淡粉色花莲瓣玉兰（又名"伦纳德·梅塞尔"）都是在这里培育出来的。

这所园艺中的精品花园于 1954 年被捐赠给了英国国家信托基金会。

本顿之角

塞德里克·莫里斯的花园

塞德里克·莫里斯创作的《多种创新》(画布上的油画，1964)展示了他自己在本顿之角家中种植的大量独有鸢尾花品种。

英国爵士塞德里克·莫里斯是一位艺术家，也酷爱苗木栽植。他在本顿之角的家变成了一个创新中心，也是英国东英吉利美术学校的校址，这所学校是他与亚瑟·莱特·海恩斯合伙创办的，而这所花园成了他创作和园艺学研究灵感的源头活水。作为一位才华横溢的园艺学家，他栽种了许多在其他花园很难见到的品种，其中包括他精心培育的多个著名的鸢尾花品种，有几个品种以他的名字命名。

莫里斯的花园对许许多多园艺家和设计者都产生了重要影响，包括贝丝·查托。本顿之角的最新修复工作刚刚完成。

爱丁堡皇家植物园

一座研究型园林

盛开的鲜花绚丽多彩，使这座岩石遍地的花园到处洋溢着春天的气息。

爱丁堡皇家植物园是英国最美的植物园之一，它坐落在苏格兰一座山坡上，站在这里能够欣赏到著名的爱丁堡市天际线宏伟壮丽的景色。这座植物园于 17 世纪建于爱丁堡市中心的一小块地上，如今它已扩展为方圆约 28 公顷的大型园林，距离英沃雷斯区 1.6 千米。植物园中有一个杜鹃花集萃的区域，春天盛开期间，花团锦簇，争奇斗艳，芳香扑鼻，独具特色。一座桥跨越这座天然岩石花园的上方，一年到头都吸引着人们的目光。园内有一座高高耸立的热带棕榈树馆，其中心区种植着这座花园中最古老的棕榈树。

爱丁堡皇家植物园中收集有大量的鲜活物种，连同植物标本馆、图书馆和档案馆等不但为那些来自国内外研究、教育和植物保护项目提供了有力支撑，还对普及和传播植物学知识作出了重要贡献。

美国纽约植物园
从伦敦基尤到纽约的植物园

这幅照片中，伊妮德·A.豪普特的温室于1902年竣工，此后经过多次修葺。

位于纽约市区的纽约植物园于1891年的今天对公众开放。它是杰出植物学家纳撒尼尔·洛德·布里顿与妻子伊丽莎白参观伦敦基尤的皇家植物园（参见第275页）后的产物，这对夫妇几年前在基尤植物园受到启发，他们相信一座植物园对于普及提高公众的植物学知识，引领以植物为基础的原初研究至关重要。

纽约植物园在美国城市同类植物园中规模最大，坐落在纽约市最北端的布朗克斯区一片风光如画的天然林地中，拥有20公顷的原始森林，布朗克斯河穿过植物园中的一处岩石峡谷，园中无与伦比的温室中不同的气候分区完全由计算机控制，将温室作为植物园的入口更是匠心独运。

岩石剧场和花园

整个花园都建在一个大石阶上

这幅照片中的一处处绿植与凯德的非凡创作力形成完美的互补。

20 世纪 20 年代，罗威娜·凯德买下了位于英格兰康沃尔郡的米纳克岬角，在悬崖顶部建成了自己的住宅。1929 年，她参与了一个剧团的活动，准备在露天上演两部莎士比亚戏剧。她贡献出自己的花园，作为将于来年上演的《暴风雨》的场地之一。为此，凯德与自己的园艺设计师比利·罗林斯及团队其他成员并肩作战，硬是用手工工具在峭壁正面的岩石上修建了一座与剧情十分契合的舞台和阶梯观众席。在作业现场，有时须用炸药清除多余的岩石，此外还须特别小心，因为稍有不慎就可能从 27 米的高处坠落大海。

照片中的这片花园是凯德去世后建成的，整个工程从在剧场上方的一间小咖啡屋逐渐扩展开。这个冒险的投资取得了意想不到的成功，后来发展成覆盖面积超过 6000 平方米的花园，花园里精选了许多抢眼的亚热带植物，这些植物在米纳克的岩石缝隙部位和陡峭的台阶上枝繁叶茂。

约克之门（靠近利兹市的阿德尔区）

一座精美的小花园

西比尔·斯潘塞的种植风格受到 19 世纪晚期英国的"艺术与手工艺"运动的启发。

斯潘塞家族的弗雷德里克、西比尔和他们的儿子罗宾于 1951～1994 年在英格兰西约克郡修建了这座名为约克之门的花园。这座公园虽然仅占地 0.4 公顷，但在视觉效果上空间感比实际要大得多，这是因为他们将整座花园精心切分成多个不同区域，每一个区都独具特色，并且通过精心设计的各种长条景观连同多条环形小径将不同分区连接在一起。作为一座真正意义上的家族花园，无论是棘手的景观美化，还是植物的栽种，都渗透着多种创新性思维。1994 年，西比尔·斯潘塞弥留之际将这座花园捐给了一家叫作"多年生植物"（Perennial）的慈善机构，这个机构鼓励人们及其家庭积极投身到整个园林艺术园艺的发展中。今天这座美丽的花园仍然继续传承着斯潘塞家族对园艺的贡献。

英国皇家园艺学会威斯利花园

学会所属的花园

这处经典的水道由杰弗里·杰利科爵士设计。近几年，图示这幢建筑成了英国皇家园艺学会威斯利试验室。

威斯利是英国皇家园艺学会所在地，位于英格兰萨里郡。1903 年，托马斯·汉伯里爵士将房子和花园一并捐给了英国皇家园艺学会，学会于 1904 年 5 月从奇西克迁移至此。然而威斯利花园建得更早些，由学会司库乔治·弗格森·威尔逊承建。

花园有很多不同的分区，包括一处大型岩石花园、果园、一条宽路。这条路的两侧是长着很高的草本植物的长条绿化带，令人印象深刻。花园还有一些专门场地，皇家园艺学会每年会在这些场地开展多项不同植物品种的试验种植，包括开花的草本植物、灌木和蔬菜。

近来，威斯利发生了巨大变化，新建了大门口、试验室大楼，增加了新的花园分区，各项事业焕发出勃勃生机。

阿尔弗雷德·帕森斯的《百老汇的橙色百合》（1911）

艺术家的花园

耀眼的橙色百合在浅色模糊花卉和繁茂树叶背景的衬托下显得十分突出，传统上，花卉和树叶都能在考兹伍德花园见到。

阿尔弗雷德·帕森斯是19世纪末和20世纪初的一位大名鼎鼎的花园艺术家，他写了关于花园的文章，寄给园艺编辑，包括威廉·罗宾逊。19世纪80年代中期以前，帕森斯是百老汇镇艺术家圈子里的知名人士，也是一位知识渊博的园艺家。就在这幅画的创作完成之后，他就在村子里自己的新家周围继续修建花园。这幅油画展示了一处花园景色，带有那个时代和地域的典型特征——开满鲜花的多条绿化带、精心修剪成形的花木、一处静谧的花园凉亭以及延伸到乡间的风景。

129

"游乐园"及花园

360°全景花园景色展现

这所独特的房子拥有 360° 的风景。

　　两位堂姐妹简·帕明特和玛丽·帕明特于 1796 年在英格兰德文郡埃克斯茅斯镇修建了这所独特的 16 边房子，规划、形成了这座花园。她们花了十年时间进行旅行，足迹遍布欧洲大陆，期间的所见所闻使她们受到启发，决定在结束游学回家后建一所房子，设计中要加进游历中所见的诸多元素，还要在房子里展示旅行中收集的各式工艺品。在 18 世纪末，未婚女子建房可不是一件寻常事。

　　房子的窗户外形奇特，可以向外眺望花园，花园在某些地方又是村舍风格。房子顶部的中央建有一个平台，像个乌鸦窝，在平台上可以俯瞰艾克西河的入海口景色。玛丽活得最久，她用缜密的心思保护着这所房子，房内的物件因而保持完好，并且只允许未婚的女性亲属继承。

《户外空间：花园设计的一个新视角》（1969）

一个户外起居室

约翰·布鲁克斯在顿曼斯用改建过的马厩建起了住宅，并取名"时钟屋"（参见第287页）。他利用一个平台设计了这座花园，那是他的"户外空间"厨房。

在《户外空间》一书中，约翰·布鲁克斯提出了花园设计的新"方法"：视花园为一种户外起居室。他认为，在英国的花园中，重中之重是把人的作用置于远高于植物之上的地位，他是首批秉持这种理念的设计师中的一位。布鲁克斯受美国景观建筑师托马斯·彻奇的著作《花园应以人为本》（参见第262页）的启发，将他视为自己的设计导师。

尽管英国的天气不太怡人，布鲁克斯仍提倡花园应提供更多私密和遮蔽的空间，使花园在全年的任何季节更加实用和可用。他还建议选择植物的目标应当是满足第一个要求，也是最重要的要求。优秀的花园设计是这种理念必不可少的组成部分。布鲁克斯留下了许多传世精神遗产，"花园作为户外起居空间"是其中的一部分。可以告慰布鲁克斯的是，英国公众业已然采纳。

佩蒂弗斯花园

一座四季花园

克莱夫·尼克尔斯拍摄的这幅照片抓取了佩蒂弗斯花园的和美瞬间，花园之外的风景也摄入了进来。

吉娜·普赖斯从 1984 年开始为这座位于英格兰牛津郡班伯里镇的花园尽心费力。在这个过程中，引发了她对植物的热爱。作为设计师，她虽未接受专业训练，但她的花园仍展示了她了不起的技能水平。佩蒂弗斯花园在正面拥有一处连栋住宅的小花园，背面则是一处乡村别墅小花园，地面高度渐次降低，使得景观远处的美景尽收眼底。精心剪枝的树篱把花园分成了不同的空间，修剪成形的花木形状构成了符合建筑学要求的结构。这是一座全季节花园：春天色彩艳丽，绚烂缤纷；盛夏鲜花遍地；寒冬，大量壮硕的常青植物显示出结构性的风采，映衬着打了霜的草地草茎和刺芹属植物。佩蒂弗斯花园既给人以灵感，又影响着人们。

海格鲁夫庄园

为一位国王而建的一座花园

这幅照片摄于1994年。照片上查尔斯王子正在他的花园中接受采访。他于2023年5月6日在威斯敏斯特大教堂加冕，成为国王。

1980年，查尔斯王子（2022年9月8日继承王位，称为查尔斯三世。——编者注）买下了位于英格兰格洛斯特郡泰特伯里镇的海格鲁夫庄园。在海格鲁夫庄园，百里香小径是一处重要风景，金黄色紫杉大道则是原来花园中保留下来的唯一景观，那些紫杉现在被修剪成非对称几何形状，用枝条编筑的长方形鹅耳枥篱笆起到了支撑作用，就像是一堵踩着高跷的树篱。

由石头铺成的这条小径种植着20多个品种的百里香，后来又加种了墨角兰和报春花。这些品种的共同点就是亘古不变的简约。

海伯里广场花园

多座完美的花园

现在，这里抽象的结构吸引了人们的注意力。想当年，穿着鲜亮球衣的足球运动员在这里驰骋了多年。

英国伦敦北部的海伯里体育场成为世界著名的阿森纳足球俱乐部的主场已近100年，于2006年的今天关闭。当俱乐部转至距此不远的霍洛韦的一座新体育场后，拥有多栋公寓的中心位置被重新开发成了一座拥有多个花园的新式广场，这些花园位于原海伯里体育场附属公寓的中心。

受历史建筑和球场的启发，克里斯托弗·布拉德利–霍尔设计了这些花园。周围的空间得以保留，一种抽象性的格栅填充了中心空间，辅之以一系列结构性树篱、遮挡物和墙，由这些构成来分割绿化空间和水域。多座完美的花园保留了这个场地的独特魅力。

134

西班牙科尔多瓦的庭院嘉年华

庭院节

种了绿植的盆盆罐罐和狭小空间里的园艺鲜亮耀目，极大地唤起了人们在这个节日的喜悦之情。

每年5月，人们用两个多星期时间来欢庆一年一度的庭院节，并举行竞赛。科尔多瓦的居民在各自的庭院里修建各式各样的喷泉、水池，种植树木，盆盆罐罐里长满了绚丽鲜花，显得生机勃勃。节日里，他们把自家美丽庭院的大门打开，邀请人们前来观赏。其中最美丽庭院奖的评选牵动着很多人的心，因而竞争也进入白热化。节日期间，许多庭院成了公共空间，欢迎游客参与热闹的晚间活动。

庭院节始于1918年，但在宽敞的大宅院的中心庭院修建花园的想法早在古希腊和罗马建筑时期就有了。罗马别墅的特点是拥有一处封闭的庭院花园，即通常建有柱廊的庭院。摩尔人也把利雅得庭院带到了西班牙——在两类花园中，水是必不可少的一个元素。在如科尔多瓦这样的炎热城市，庭院的遮挡有助于缓解酷热，因而要比炙热的街道凉爽许多。

欧内斯特·威尔逊纪念花园

一座植物收藏家的花园

在奇平卡姆登，一棵空桐树给这座有围挡的宁静花园带来了阴凉。

欧内斯特·威尔逊是 20 世纪初伟大的植物收藏家之一。1976 年，为纪念他诞辰百年，人们在他的家乡修建了这座小小的带围挡的花园。

威尔逊出生于英格兰格洛斯特郡奇平卡姆登镇，在其职业生涯中共向西方引进了 1200 多种花园植物。他在中国的考察取得的成功如此之辉煌，以至于被人们称为"中国的威尔逊"。他早期引进的空桐树（珙桐）令人瞩目。这个品种原来是由法国传教士戴维神父于 1869 年发现的，不过收集到的第一批种子未能发芽。1904 年，威尔逊根据较早期的地图，追踪到了一株样本，但这棵树被伐成了木材。幸运的是，他在不远处又找到了另一株，他又收集到了一些种子，事后都活了下来。

威尔逊后来担任了美国波士顿阿诺德植物园园长。1930 年，他与妻子遭遇车祸，双双罹难，令人悲伤不已。

迈德温·威廉姆斯的温室

巨型植物的花园（巨型植物之家）

迈德温·威廉姆斯在他的商业温室中测量一颗巨型洋葱的尺寸。

迈德温·威廉姆斯是闻名遐迩的培育巨型蔬菜的专家。他在英国皇家园艺学会切尔西花卉展上获得 13 次金奖。他的获奖样本在威尔士安格尔西郡的温室和聚乙烯薄膜大棚里经过了悉心培育。在这样的人工环境下，土壤、温度和光照水平能够控制。他一生孜孜以求，心无旁骛，创造出这些可以人工控制的最佳植物生长环境，能够在最适宜的条件下培育、展示蔬菜。

威廉姆斯曾任英国皇家园艺学会水果、蔬菜与草本植物委员会主席和全（英）国蔬菜协会主席。他的公司培育的各个品种的种子长出了令人信服的创纪录果实，如在多次展览会上的获奖作品一样，真是实力雄厚，名不虚传。

《玫瑰传奇》（1230 ~ 1275）

玫瑰花园的罗曼蒂克

自古以来，红玫瑰都是浪漫爱情的象征。

经过 50 多年的创作，彩饰系列手抄本《玫瑰传奇》问世了。这是一部 2.1 万行的寓意爱情长诗，表达了"全面的爱情艺术"，问世初期风靡法国，影响力非凡，之后传到其他邦国。书中一位青年一直在寻觅难以捉摸的玫瑰，象征着他与所钟爱的女人的爱情。他对爱情的追求以梦境的形式记录下来，配有插图，插图详细说明了花园的全貌和被利用的情形，尤其是如何用来休闲和表达浪漫，还说明了植物的含义。在一个崇尚骑士精神的年代，这部手抄本俨然为如何表达优雅高贵的爱情指点着迷津。一个世纪后，杰弗里·乔叟将它翻译成英语。

利斯山的杜鹃花海

三个家庭与一座花园

图中的杜鹃花在盛开。1944年，拉尔夫·沃恩·威廉姆斯将利斯山地捐献给国家信托基金会。

英国作曲家拉尔夫·沃恩·威廉姆斯在英格兰萨里郡的利斯山花园的家度过了童年时光，这座花园讲述了三个知名家庭的故事。1847年，英国著名陶瓷商乔赛亚·韦奇伍德三世退休，他买下了这所房子。其妻卡罗琳，娘家姓达尔文，是英国生物学家查尔斯·达尔文的姐姐。查尔斯是这里的常客，他一来就会带领孩子们在附近地里用蚯蚓做试验，其中的一位就是沃恩·威廉姆斯的母亲玛格丽特。然而，这座不平凡的花园在三位身份显赫的人士眼中竟如此平凡，他们称它为"小村落"。今天，人们要前往参观的话，一定不要错过路边的一个路标——Wormstone。切记，首字母 w 是小写。

卡罗琳·韦奇伍德是一位具有敏锐洞察力的植物学家和园艺家。她在车道到宅邸之间的树下栽培了大量杜鹃花，形成了一个美丽的门庭。在1987年的大暴雨中，这处茂密的树盖遭到严重损坏。经过清理和重建，树盖重现了昔日的风采。

贝丝·查托植物园中的砂砾花园
一座长盛不衰的花园

砂砾花园中植物的起起伏伏让人回想起一条正在干枯的水道，折射出逝去的岁月。

1991年冬季之前，埃塞克斯郡科尔切斯特镇的砂砾花园一度成为贝丝·查托植物园的游客停车场，这让人难以置信。查托开始修建这个花园只是为了进行耐旱植物试验——埃塞克斯郡是英国最干旱的地区之一，花园所在地从未灌溉过。

"在合适的地区种植合适的植物"，是查托园艺工作的核心理念。她只是从她认为的耐旱植物当中选取不同的树种在这个地段栽种。如果植物不能成活，就再用其他植物替换，直到新选植物适应此地环境，生长良好为止。

植物种上后，查托又全部铺上一层砂砾——没有明显界限。色彩与纹理随季节而变，开败了的花和种子穗都保留下来以烘托冬天的萧索和凛冽，也为过冬的野生动物充当食物来源。一项关于可持续的试验已经变成这座花园最鼓舞人的事业。虽然贝丝·查托已于2018年5月13日去世了，但她的花园仍生机勃勃，繁荣兴旺。

詹纳博士的牛痘圣殿

牛痘诊所

詹纳在这个淳朴的花园成立了一家免费牛痘诊所，不过，直到今天人们仍满怀敬重地把它尊称为"牛痘圣殿"。

1796年，爱德华·詹纳在位于英格兰格洛斯特郡伯克利的一座花园建筑物中，为詹姆斯·菲普斯首次开展了种牛痘的治疗。詹姆斯·菲普斯当时8岁，是詹纳的园丁的儿子。詹纳经过多次观察，认同了那时农村地区的一个说法，即挤奶时从奶牛身上得过牛痘的挤奶女工会对较致命的天花产生免疫力。

在这次治疗之前，詹纳已经从一位挤奶女工双手的小脓包中取出了一些样本，她因接触患有牛痘的奶牛而患上皮疹。随后，他把取出的样本挤进有意在詹姆斯·菲普斯两只胳膊上割成的划痕里。数天后，种了牛痘的男孩感到有些轻微的不适，但一周后就完全康复了。詹纳继续验证这种牛痘接种法会对天花免疫，但医疗同行起初很不情愿承认他的重大发现。詹纳把这个过程起名为"接种牛痘疫苗"（Vaccination），其中"Vacca"来源于拉丁语，意为"母牛"。

5月15日

伦敦唐宁街10号的花园

英国首相的花园

很少能有人见得到唐宁街10号的后花园。自从1735年这座建筑成为官邸后，历任首相及其家庭都尽享此地的乐趣。今天，在唐宁街10号和11号背面，"L"形空间的花园占地2000平方米，一堵砖墙将其围起。里面有铺好的平地、规整的边界绿化带，草坪周围设置了几把花园长椅。2020年，在新冠病毒感染疫情流行期间，据说这里违反防疫规定举行"聚会"，惹出丑闻。

5月16日

《杜鹃花花园，1956年5月》

抽象的杜鹃花

帕特里克·希伦的抽象画作上杜鹃花夺目怒放，表现出阳光照在一束束杜鹃花上泛出微微闪烁的效果。1956年，他受康沃尔式花园的启发而产生灵感，创作了一系列作品，右图为其中的一幅。30年后，帕特里克·希伦又创作了第二个系列，名为"花园系列画"。

地处康沃尔的花园土壤恰好呈微弱酸性，在这种环境下，杜鹃花能绽放出晚春的绚丽色彩。

格雷夫泰庄园

一座野生花园

上图：格雷夫泰的植物仍然反映出威廉·罗宾逊的表现手法。

对页上图：如果围墙会说话，眼前这堵墙就会讲述十分有趣的故事。

对页下图：图为帕特里克·希伦所绘的《杜鹃花花园，1956年5月》（画布上的油画）。

威廉·罗宾逊是一位有影响力的园艺师和园艺作家，是《野生花园》（1870）和《英国鲜花花园》（1883）的作者。他很直率地批评俗艳的维多利亚风格，把花坛和花卉像地毯一样铺排和展示，他还拒绝使用植物的拉丁语名称。

罗宾逊倡导使用一种自然主义方法做园艺，是这一理念的一位先驱。作为多家园艺杂志的一名编辑，他向其他顶尖园艺家约稿，如英国园艺家格特鲁德·杰基尔。他的家位于英格兰西萨塞克斯郡东格林斯特德镇，在他家的庄园（格雷夫泰庄园）中，他依据自己的理念打理花园，这座花园保持了他首倡的风格。1935年5月17日，罗宾逊离世。

美国长岛的长屋保护区

一座红色花园

拉森称这个作品为
《关于提升角度的
研究》。

这条大路位于美国长岛东汉普顿镇的长屋保护区，路两侧在漆上红色的雪松树干间套种了深红色的杜鹃花，美丽如画，是艺术的一个现代风格片段，花园修造者是杰克·莱纳·拉森。作为一位知名的织物设计师、作家和收藏家，拉森在1986年修建了长屋，作为当代生活与艺术融合的一个范例，他的花园变成相称的一种艺术形式。图示这处地段原来一直是农田，19世纪时被遗弃。拉森把草坪、屋旁的水池和林地设计成了许多花园，作为其他艺术家展示雕塑和艺术品的场所，成为室外系列艺术长廊。

144

饼干筒上的"花园聚会"（1980）

一个儿童不宜的花园聚会

当背景真相大白之后，图示花园聚会场景现在变得臭名昭著，之后，这个饼干筒成了粗鲁，或者是儿童不宜的代名词。

英国亨特利与帕默饼干公司有生产大量新奇形状限量版饼干筒的传统。1980年，一位自由职业艺术家受托设计了这个描绘了一处花园聚会的饼干筒，饼干筒的画面表现了维多利亚时期著名插图画家与艺术家凯特·格里纳韦的创作风格。

之后，该产品投入了正常生产，公司也没有声明艺术家在背景中树木茂密的地块隐瞒了某些粗俗的场景。后来，当这些问题被零售商发现后，这家公司迅速撤回了市场上所有正在销售的饼干筒。令人称奇的是，这种饼干筒的身价反而扶摇直上，变得奇货可居了。

英国康沃尔郡圣艾夫斯镇的芭芭拉·赫普沃斯博物馆与雕塑花园

一所雕塑花园

赫普沃斯认为应根据她花园内外的植物群和建筑群来找准自己作品的摆放位置。

英国艺术家和雕塑家芭芭拉·赫普沃斯仔细斟酌自己的作品在创作室之外的花园中的摆放位置。她既关心花园内的大量植物及其形状，又重视花园外视力所及范围的树木和建筑物。赫普沃斯很清楚光线变化会对她的各种雕塑和雕塑周围空间产生影响，尤其是室外的太阳光和月光的直接照射会使雕塑更加瞩目。

这些原则同样可应用到所有的花园设计和植物布局上，即使展示那些很纤小的雕塑也不例外。

1975年的今天，芭芭拉·赫普沃斯的创作室发生火灾，她不幸遇难，场面悲惨。

英国诺丁山区的罗斯米德花园

一座私人花园广场

休·格兰特和朱莉娅·罗伯茨在攀爬罗斯米德花园的栅栏——花园的其他游客切勿模仿！

英国伦敦诺丁山区的罗斯米德花园之所以有名，源于电影《诺丁山》中的一处场景。剧中，休·格兰特和朱莉娅·罗伯茨饰演的夫妇夜间攀爬花园栅栏，在花园内，他们把公共空间当作私人氛围来感受。

作为拉德布鲁克地产的一部分，罗斯米德花园规划于1823年，是街道布局内新月形空间系列中的一个。在当初设计时，考虑并修建了多座公共花园，以鼓励形成社区精神，与伦敦的许多花园广场相仿。非本地居民无须攀爬栅栏也可到花园游玩，花园有时会在每年一度的"公开花园广场周末"开放。

1997 年切尔西花卉展的拉丁花园

致敬维吉尔

受维吉尔生活的启发而建造的这处现代主义花园重新阐释了古典花园，产生了令人意想不到的效果。

为了参加 1997 年在伦敦举办的英国皇家园艺学会一年一度的切尔西花卉展，克里斯托弗·布拉德利－霍尔设计了这座开创性的展示花园。花园线条明快，颇具当代性，它是基于古典原则，并受诗人维吉尔的生活启发而设计的。这座花园使人回想起诗人生活的三个阶段——农庄的童年时光、罗马时期的风光和辉煌以及乡村的隐居生活。

布拉德利－霍尔的作品以使用纯粹的几何图形而闻名，包括黄金比例的长方形，这是一种基于黄金分割比例的设计原则，在大自然中到处都能发现这种排列组合，广泛应用于建筑、音乐及其他艺术形式中。在 1997 年那次著名的花卉展中，这座花园成为花园设计的一个重要转折点。

凯菲兹盖特花园

一座代代相传的花园

这处绿色空间、黛色池水和涓涓泉水的简洁明了引人无限遐想。

图示花园位于英格兰格洛斯特郡，其四周坡度很大，景色秀丽，历经三代伟大女性的努力开发而成。1920年，这座花园仍是围绕房子的一个小型徒有其表的区域。在邻居兼友人劳伦斯·约翰逊（参见第338～339页）的支持和鼓励下，希瑟·缪尔决定进行开发。她的女儿黛安妮·宾尼继承了她的事业，最值得一提的是，她在花园较低位置部增建了这座半圆形水池。今天，安妮·钱伯斯承续了家族园艺传统。为庆祝千禧年，安妮把网球场改建为一个简单的水花园，在这里，西蒙·艾利森的镀金属叶子悬停在黑色倒影池上，池水在此慢慢流淌。可以想见，这是一处静谧的花园空间。

在凯菲兹特盖，其年久而稀有的玫瑰品种很有名气，尤其是腺梗蔷薇"凯菲兹特盖"，在参天大树间恣意生长。

149

5月24日

特伦特姆花园
一座意大利风格的花园

在宽阔的特伦特姆
花园，规范的对称
性与当代植被融合
在18世纪的景观
格局中。

这座壮丽的花园是对位于英格兰斯托克市南部特伦特姆地区的意大利式花卉花园的一种重新阐释。特伦特姆花园最初由查尔斯·巴里于1833年设计。1911年，当萨瑟兰郡第二位公爵出售特伦特姆庄园时，庄园的很大一部分都已损毁。20世纪90年代末，有关方面作出重建花园的决定。

2004年5月24日，这座花园重新开放。英国景观设计师汤姆·斯图亚特－史密斯的设计方案根据生态原则，将巴里方案中各类花坛和多个水池的历史架构的正式性与当代多年生植物进行了通盘考量，实现了平衡。新花园的湖景更加美观。荷兰设计师皮特·奥多夫设计的草地河畔和英国设计师奈杰尔·邓尼特设计的野花草地是最近添进这座花园的，这座花园将会继续扩展。

利兹城堡及花园

中世纪英国王后们的家和花园

这个小岛上的布局和城堡围墙造就了这座花园的特殊氛围。

图示的花园英格兰肯特郡梅德斯通镇附近的利兹城堡，其布局是最浪漫的一种。护城河环绕的城堡建在两个小岛上，一直是中世纪许多英国王后们的家宅，包括卡斯蒂尔的埃莉诺、伊莎贝拉和法国的玛格丽特、纳瓦拉的琼和瓦卢瓦的凯瑟琳。英国国王亨利八世继承了这座城堡，为其妻子阿拉贡的凯瑟琳进行了改建。尽管伊丽莎白一世曾被短暂囚禁在这里，但最终她还是在 1558 年继承了王位。这座城堡的最后一位主人是一位美国女财产继承人，奥莉夫·贝利夫人，她于 1926 年买下城堡，并把它改建成一座豪华的现代宅邸——一处美丽的乡间隐休所，配之相称的各式花园。

《紫藤，恩格尔菲尔德》（1954）

一处紫藤风景

斯潘塞抓取正在盛放的紫藤，将之转变为一处花园。在此图中，欧洲七叶树的外形与紫藤相似，但所开的花是竖直的。

在斯坦利·斯潘塞画作中，花园、景观和鲜花体裁的绘画作品是最受欢迎的，但也有质疑的声音。他并没有在三个类别间进行区分，笼统地称之为"景观"。他创作了许多关于自己家乡伯克郡库克海姆村的知名画作，许多作品对花园的描绘较多，这是其一大特色。

画中表现了晚春时节，在这座建筑的前花园，大面积的鼠李、紫藤和欧洲七叶树的花朵争相怒放，交相辉映，画面构图精致，极具冲击力，美不胜收，令人回味无穷。

伦敦摄政公园的温菲尔德公馆

美国大使的花园

前美国大使马修·巴曾在任时，曾举行英美两国记者板球比赛。我们常常看到美国总统的直升机在温菲尔德公馆的草坪上徐徐降落的场景。

温菲尔德公馆是美国驻英国大使的官邸，占地近 5 公顷，是伦敦仅次于白金汉宫的第二大私人花园。此地原来是一座废弃的别墅，美国女继承人芭芭拉·赫顿于 1936 年买下了这块地产。她以外祖父的中名重新命名了这座宅邸，他的外祖父是美国大名鼎鼎的"零售业帝国"（伍尔沃斯公司）的创始人——弗兰克·温菲尔德·伍尔沃斯。

第二次世界大战期间，赫顿为战时之需，迁出了公馆。当她于 1946 年重返故地时，发现此地遭到了严重损坏，所以就决定把公馆赠送给美国政府。美国政府进行了复建，并把此处定为美国大使官邸。美国政府还是花了象征性的 1 美元"购得"了这处官方财产。

复建工程于 1955 年完工，现在，令人叹服的各类室内布局与一座漂亮花园相得益彰，靠近大楼处有大大小小的规整平地和多个长条绿化带，更富一种自然主义风格。到访的多位美国总统乘坐的直升机可以很方便地使用花园宽敞的草坪进行起降。各位美国总统在大使官邸停留期间都异口同声地赞赏这处"秘密"花园。

每年五月的最后一个星期一是美国阵亡将士纪念日，在这一天，全美民众会纪念那些在军队服役而牺牲的美军将士。

英国埃塞克斯郡萨夫伦沃尔登镇的奥德利区

一座桥上的茶室

图中的这座桥由罗伯特·亚当于1780 年设计的，可以在桥上饮茶。帕拉第奥建筑式样的结构横跨卡姆河，他还特地设计了一处位置用于休闲的场所，称为"快乐花园"。从桥向外远眺的风景是一处不规整的鲜花花园——当时是一种新的花园风格。今天，这座饮茶桥仍然保留着，但奥德利区的其他多座花园建筑都已不见了踪影。

尼泊尔的旁波切

高原温室

尼泊尔的旁波切位于昆布山谷一处壮观的风景区，处在经过攀登珠穆朗玛峰所设大本营的路上，海拔 4000 米。一般情况下，在这个高度只有土豆才能生长。但近年来，当地村民昂·泰姆巴·谢尔帕和妻子央姬在他们的小屋所在场地修建了一座温室，能够全年种植许多品种的作物，实属不易，令人啧啧称奇。

对页上图：这座18世纪的饮茶桥由新古典主义建筑师和设计师罗伯特·亚当设计。

对页下图：在1953年的今天，人类第一次成功登顶珠穆朗玛峰。

右图：巴恩斯利别墅的金链花小径在20世纪80年代成为其最著名的特色。罗兹玛丽·维里非常喜欢路面上飘落的叶子的效果，因此，不让别人过早清扫。

巴恩斯利别墅

一座"艺术与工艺"风格的花园

花园设计师罗兹玛丽·维里及丈夫戴维于1951年搬到英格兰格洛斯特郡赛伦塞斯特镇，之后，他们修建了这座花园，把自家这座17世纪的别墅围在中间。受"艺术与工艺"传统的影响，罗兹玛丽研究出了一种用单一植物进行绿化的方法。这所花园因金链花小径、植物相互缠绕和菜圃（一种观赏性的菜园、果菜花园，内有经过修整的众多果树和一些小型的蔬菜和草木苗圃）而闻名。借助这座花园，维里成就了自己的事业，也成为本领域的权威人物。20世纪80～90年代，在她的客户中有许多英美的花园主人，都是赫赫有名的人物。尽管巴恩斯利别墅现在是一座宾馆和经营水疗的场所，但这座花园仍然保留着它当初的风格。

博德南特花园

金色通道花园

"博德南特"（Bodnant）在威尔士语中的意思是"在一条小溪旁居住"。这座历史上有名的花园是经过同一家族几代人150多年的努力奋斗建成的，他们都对园艺充满着热爱。花园中最有特色的景致之一是金链花拱顶，建于1880年。这条弯弯曲曲的通道由沃氏金链花构成，长55米，在晚春和初夏时节呈现出秀丽的景色，美不胜收。此时，绽放的金黄色鲜花绵延不绝，花期通常持续四周左右，这个时段的游客数量是全年平均数量的两倍。

鲜花丛中的金链花拱顶。

利文斯庄园
最古老的整形花园

上图：罗韦多次为利文斯庄园作画。

对页上图：这座花园的每一株植物都有某种药用价值或与医药有关。

对页下图：20世纪80年代中期，布朗首先建成了植物墙。

英国画家欧内斯特·亚瑟·罗韦为英格兰坎布里亚郡肯德尔镇的利文斯庄园所绘的这幅画，被选作托马斯·莫森与 E. 普伦蒂斯·莫森合著的《花园艺术与工艺制作》第五版的卷首插图。这部由 B.T. 巴茨福德公司出版的著作首次问世于 1800 年，影响甚远，被视为现代景观建筑的基石。

罗韦作为一位专门描绘花园的艺术家，能够取得巨大成功，实属不易。他从不接受他人的委托创作，但常常会通过一些著名花园的主要设计师的协助安排，参访这类花园。

罗韦对利文斯庄园情有独钟。这座被公认为世界最古老的整形花园是由法国园艺师纪尧姆·博蒙特在 1694 年设计的，他曾经是法国园艺家安德烈·勒诺特尔的一名学生，也当过詹姆斯二世的园艺师。利文斯庄园建好后，为了维护花园的植物造型，光是首席设计师就聘请了十位，这也是自完工以来保持完好如初的重要原因。

英国皇家学院医生的药用植物花园

一座药用花园

英国伦敦这处独特花园种植着许多药用植物，涵盖从古埃及文化到当代使用的处方药物。这里栽种了1000多种不同物种，所有物种要么具备药用用途，要么其拉丁语名称与在科学上作出重大贡献的多位学者有关，或者是纪念有关医生。

阿布基尔绿洲

一座"站起来"的花园

帕特里克·布兰克是一位法国植物学家，也是植物墙的发明者。他在世界各地设计和种植绿墙已超过30年。

选择植物在同一环境能够生长得郁郁葱葱是生态可持续性的关键。在城市中各色建筑物上建设的直立花园所展现的生物多样化有助于适应气候，保护野生植物。

美国纽约市的高线公园

一座都市花园

高架线赋予人们另外的视角，可瞭望著名的纽约城市轮廓线，尤其在夜间。

现在美国纽约市的高线公园就是过去著名的"西部高架铁路线"。20世纪30年代，为了向市中心的食品加工厂运输数百万吨的肉类、奶制品和其他产品，纽约市建设了这条高架铁路线。50年后，当火车运输逐渐式微，铁路线的某些路段被迁走，残余部分必定太过碍眼，似乎逃脱不了被拆除的命运。

这个时候，大自然出手干预了。自我播种的野生植物把铁路线残余部分魔术般转变成了一个城市绿色空间。一个名为"高架线之友"的组织成立了，旨在保住这些区域，并将之重新定位为一个"公众可随意进出的绿色空间"。设计团队为"詹姆斯角落区运营行动"，建筑师迪勒·斯科菲迪奥与伦夫罗以及皮特·奥多夫承担植被设计工作。

这条2.3千米长的城市绿色空间自从2009年至2019年6月4日分阶段开放以来，广受大众欢迎。

桑德灵厄姆庄园的花园

一座对外开放的皇家花园

宽阔的草坪和绿植与这座维多利亚时代的桑德灵厄姆庄园完美地交融在一起。

自从英国国王爱德华七世与王后亚历山德拉于1863年购入位于英格兰诺福克郡的桑德灵厄姆地产后，后边的历任君主都会在此修建花园和庭园。在全（英）国花园计划的第一年，乔治五世欣然同意参加这项活动，并于1927决定把这座花园对公众开放。他的行动为全（英）国范围内其他漂亮花园的拥有者树立了榜样，他们群起响应，纷纷向公众打开自己花园的大门，为王后护理学院（培养市郊或乡村保健护士）募捐。

1927年，参观这座花园的人们每人需付一先令。为支持全国花园计划，桑德灵厄姆庄园的花园继续在某些固定时间对外开放。

法国诺曼底的羽毛花园

羽毛般的花园

对这座原本传统的果园来说，图示这所花园的设计大胆、新奇，修剪整齐的各式小径形成了一个草甸栅格，代表着栽种植物的大小不一的区域。

在羽毛花园，帕特里克和塞尔维·基贝尔在仅仅不到30年里，就已经把一处田地和老果园变成了一座美丽的当代花园。一行行高高的羽毛般的青草穿织在茂盛的多年生植物中，在微风中增添了一种动感。因此，这座花园被形象地称为"羽毛花园"。

　　一种由重复方块构成的简单网格，使这种设计思想得到进一步的强化。羽毛花园位于法国的诺曼底，1944年6月6日，盟军在诺曼底的海滩实施了大规模的诺曼底登陆作战，这次战役为扭转第二次世界大战的战局起到了至关重要的作用。

布莱奇利公园

绝密花园

今天，人们很难相信这座花园在第二次世界大战期间起到了如此重要的作用，战后多年来仍然处于保密状态。

位于英格兰白金汉郡布莱奇利镇的布莱奇利公园，在1938年从一座乡间别墅变身为英国军情六处通信部门的绝密地点。这些房产和花园的木质和砖结构建筑用不同的字母作为代号，形成了一个网络。为了破译"恩尼格玛"密码，由数学家及解码专家组成的团队在这里夜以继日地工作，"恩尼格玛"是纳粹德国用于商业、外交和军事通信的密码。艾伦·图灵及其团队研发出了著名的"巨人"计算机。借助于这台计算机的帮助，他们破译了纳粹的另一套重要密码体系，即劳伦兹密码。

在巅峰时期，有9000位无名英雄在布莱奇利公园默默无闻地忙碌着，直到多年后才为世人所知。在他们当中，图灵是其中的佼佼者。作为一位计算机科学家，他对这个学科作出了杰出贡献，后来提出的人工智能测试至今仍在应用。

1954年6月7日，图灵离开了人间。

查茨沃斯庄园

逝去了，但不要遗忘

帕克斯顿在查茨沃斯获得的经验使他受益匪浅，后来甚至能够设计1851年伦敦万国博览会中规模大得多的玻璃结构。他是靠自学成才的，取得如此的卓越成就实属不易。

1825年，英国建筑工程师约瑟夫·帕克斯顿被委任为英国德比郡贝克韦尔镇的查茨沃斯庄园的首席园艺师。虽然历经了一段不被认可的时期，但他的设计创新方法至今仍保持着旺盛的生命力。

不过，恰恰是帕克斯顿的工程技术成就了他的一世英名。从1836年开始，他花了四年多时间设计和建设了"大温室"（有时称为"大火炉"）。为了使热带植物能有一个合适的栖息地，建设了这座颇具创新色彩的大型建筑，也就是热带植物花园，栽培和繁殖巨型的王莲是他的主要目标之一。因此，他专门建造了燃煤锅炉为温室加温。为了解决煤炭至现场的运输问题，他特地修筑了一条小型铁路。建成后，由于"大温室"的运营成本高昂，不得不在1920年拆除。今天，在厚实的石墙基础所分隔的空间内种了很多植物，组成了一座迷宫，"大温室"仍然像影子一样存在着。

由于有了设计建造查茨沃斯庄园的经验，帕克斯顿后来又设计了1851年伦敦万国博览会的一座规模更为宏大的建筑。1865年的今天，帕克斯顿永别于人间。

卢西恩·弗洛伊德的《花园，诺丁山之门》（1997）

卢西恩·弗洛伊德的花园

卢西恩的画作表现了植物的不完美，正像它们本质上并不完美一样。败花和蜷缩的叶子虽然不美，却是所有花园生命周期的组成部分。

英国艺术家卢西恩·弗洛伊德（参见第309页）以画肖像而名扬天下，他的许多植物画作却鲜为人知。尽管他不是一位园艺家，但他从工作室窗口视角描绘了花园风景，把所看到的都画了下来。他的作品意在歌颂不完美，例如发黄的叶子和树叶上中的小洞，而这些东西被别的艺术家视为瑕疵，避之不及。他在花园风景画中采用了同样的表现手法，其中的一些花园体裁作品聚焦在一棵醉鱼草属植物正在落败的繁花和这棵树周围草本植物的全面衰落上。

在这座著名的白色花园的中心，蔷薇成为所示金属结构框架的美丽遮盖物。

锡辛赫斯特城堡花园

白色花园

　　从自己的角度来看，我正努力修建一座灰、绿、白色的花园。这是一次试验，尽管我自己心里也没底，但我热切地期盼着成功。一个人的最佳创意在实践中很少能如你所愿，尤其是园艺……，不过，心在，梦就在。

　　　　　　　　——维塔·萨克维尔－韦斯特

英国肯特郡的锡辛赫斯特城堡花园，是世界上最著名的花园之一，是无数园艺家产生灵感的策源地，它的白色花园更为知名。1930 年，维塔（维多利亚）·萨克维尔－韦斯特和丈夫哈罗德·尼科尔森买下了这处地产。当时，里面的大部分都铎建筑破败不堪，摇摇欲坠，但他们被建筑的收藏所深深地吸引。哈罗德提出了一个主花园方案，这个方案建议修建一系列连接建筑物和遗存砖墙的室外空间，利用树篱来分隔不同的结构。面对几乎如空白画布一样的空间，维塔急不可耐地想立刻栽种植物，一区有一个风格和植物主色调，区区不相同。在他们的一生中，这座花园一直是他们的乐趣所在，一直都在修茸改造。

　　1946 ~ 1961 年，维塔一直为《观察家》的"在你的花园里"专栏撰稿。她从个人角度写文章，谈看法，须知她是一位小说家和诗人，不是职业园艺师或园艺学家。她的对话式风格鼓舞并激励了广大读者，无论是园艺新手还是类似有经验的园艺师。当园艺师们在冬末忙碌时，思路会有 180 度的转变，这个时间对重要的栽植十分适合，因为叶子和花朵在夏季到来之前并没有完全展现出来。今天，这座白色花园表明维塔的期望得以完全实现，而且根据她最初的想法进行维护。

毗邻索里的山顶

毕翠克丝·波特的花园

这处花园保留了毕翠克丝·波特的风格，她对园艺情有独钟。

毕翠克丝·波特出版了她的第一部书《彼得兔的故事》，用稿酬买下了英格兰坎布里亚郡安布尔赛德镇靠近索里的山顶。传统村舍花园的多个区位能带来一种亲切的氛围，给的书中插图创作带来灵感。在她一生中，这种氛围对她维护这座花园一直大有裨益。

波特是一位园艺师，也是早期自然资源保护主义者。除了大受欢迎的多部书外，她还将遗产——她买下的湖区 1600 公顷土地，其中包含 15 个农场和多座村舍，都捐给了（英国）国家信托基金会。

意大利巴尼亚亚的兰特别墅

一座文艺复兴时期的花园

兰特别墅的这个喷泉流出的水使摆在水系前的餐桌保持凉爽，这种超前性是花园最重要的一个特征。

兰特别墅的这座花园把别墅一分为二，表明花园设计的原则在这里得到了严格遵循。由于花园是为16世纪主教詹弗朗切斯科·甘巴拉建造的，因此展现了意大利文艺复兴时期神职人员的财富和品位。

意大利建筑师贾科莫·巴罗齐·达维尼奥拉设计了这个巨作。其中，水以多种形式贯穿相对较小的台阶类空间，这是它的重要特色。著名的水台阶会形成一个清凉的小溪，向下流向中心地带。这位主教还颇具现代品位，包括在户外露天就餐。夏季就餐时，一张大型石质餐桌就放置在浅水区，其中心溪流由河神喷泉供水，这样就能使用餐者感到凉爽，食物和饮料都能保持在清凉状态。

大迪克斯特花园

大胆的花园

长绿化带对面草地的某些区域显得更随意、更具松弛感，长绿化带的存在意味着向这些区域更近了一步。

英格兰东萨塞克斯郡的大迪克斯特花园是一座有超前意识的花园，它环绕一座有历史意义的宅院。美国演员、企业家克里斯多弗·劳埃德的父亲纳撒尼尔用大量修剪整齐的紫衫树篱和整形花园充当一组围栏。在这种"艺术与工艺的背景下"，克里斯多弗在植被上采用了大胆的手法。

这条40米的长绿化带是最著名的特色景观之一。它比许多城市花园更长，对于谋划不同规模花园的设计师来说，具有启示意义。各式开花灌木使花园的结构和形式更加丰富，而种类繁多的多年生植物、一年生植物和鳞茎植物相互交织，相映成趣，全年都繁花似锦的花草和绿叶更为花园锦上添花。

弗格斯·加勒特晚年成为克里斯多弗的首席园艺师。当是否用外来植物更换传统的玫瑰时，他们产生了分歧。克里斯多弗德2006年去世后，加勒特及其团队继续沿用着他的园艺理念，精心打理这座花园。

大卫·奥斯汀的玫瑰园

一座英国玫瑰园

园内建有五处主题园，这里有所有品种的玫瑰都是为了适应各种不同的环境和色彩喜好。

大卫·奥斯汀对植物的兴趣始于20世纪40年代末，也就是他的少年时期，之后痴迷于各个品种的玫瑰。他最初青睐传统玫瑰品种，后培育了一个玫瑰的新品种，这种玫瑰能够多次开花，色彩也更加丰富。

1961年，他研发的第一个玫瑰品种"风采连连看"问世。1969年，经过反复精心培育，他将新玫瑰命名为"英国玫瑰"。1983年，在英国皇家园艺学会切尔西花卉展上，他推出了三种"英国玫瑰"，创立了一个新的里程碑。

位于英格兰什罗普郡的玫瑰园有五个主题园，展示了近于完美的温室玫瑰，大约有900个品种，涵盖攀缘型、灌木型、物种型和传统玫瑰。大卫·奥斯汀的玫瑰园在世界玫瑰协会联盟斩获一项"卓越奖"。

171

6月15日

奈杰尔·邓内特的花园

草地型植被

奈杰尔·邓内特是英国谢菲尔德大学景观建筑系植被设计与城市园艺专业的教授。在他设计的许多著名案例，尤其是城市项目中，伦敦奥林匹克公园花园和景观设计独占花魁。他的自家花园就是一所试验室，他在这所试验室里试验并观察不同栽植方法的结果。这所背面成坡形的花园拥有极佳的风景，粗细不一的圆木堆成了高高低低的曲线，形成了许多具有雕塑效果的围挡。

6月16日

美国密歇根州迪尔伯恩市的秀丽小径

可供停车的一座花园

作为福特汽车公司的创始人，亨利·福特改革了汽车生产线，此举使汽车拥有量大幅增加。富裕家庭新建住宅时，在条件许可的前提下，会对花园进行量身定制，以方便使用汽车。因此，福特特地委托景观设计师延斯·延森在他自家花园增建一条专供汽车通行的道路，还在前门旁边的停车处上方修建了可遮风挡雨的顶篷，当然，对许多车主来说，顶篷意味着一种奢侈。

法国瓦尔德马恩的玫瑰园

玫瑰中的玫瑰

上图：玫瑰园中共有13组玫瑰，基本上按年代序列在进行布局。

对页上图：奈杰尔·邓内特私家花园里有多个曲线圆木堆。

对页下图：亨利·福特的车道和遮篷，路缘是一种现代型遮挡物。

这座漂亮的花园，也称作海伊的玫瑰园，是巨贾朱尔斯·格拉沃罗提出的创意，由爱德华·安德烈在19世纪末设计。现在，这里种植着1.3万多株不同品种的玫瑰，同时，花园也收集了一些珍贵的传统玫瑰品种。

开阔的藤架爬满了攀缘型玫瑰，这些藤架跨越了多条较宽的小路。玫瑰长满规整的花坛，被修剪得整齐利索。六月中旬，是这里的花盛期，玫瑰花开遍全园，十分惊艳，甚至令人眼晕。

法国吕埃－马尔梅松镇的马尔梅松城堡

玫瑰女恩主的花园

这幅水彩画描绘了女花神佛罗拉用鲜花装扮一座约瑟芬的半身像。这是约瑟芬的第一位画家热拉尔于1806年创作的。

> 我的花园是世界上最美丽的东西，无与伦比。
>
> ——约瑟芬皇后

约瑟芬皇后在马尔梅松的花园尽管的的确确非常有名，在她的一生中都享有崇高声望，但很少有遗迹保留下来。它的自然主义风格与附近凡尔赛宫的正统形成了强烈的对比。她下令修建了一座蜿蜒的湖，可供游人乘船观赏花园的景观。

约瑟芬从世界各地收集了大量植物，有些来自她的出生地马提尼克岛。她的温室比巴黎的国家植物园都大。

但只要提起马尔梅松的名字，就必定使人联想到玫瑰，这要归功于约瑟芬赞助的艺术家皮埃尔－约瑟夫·雷杜德。他的画作《玫瑰》囊括了种植在约瑟芬花园中的近200种玫瑰。

英国赫特福德郡的巴恩花园

以草地著称的花园

安德里亚·琼斯拍摄的这幅照片展示的是蛇鞭菊（丝兰叶刺芹）、草原炽星（堪萨斯蛇鞭菊），以及巴恩花园中的草场。

著名的景观建筑师和花园设计师汤姆·斯图亚特－史密斯的自家花园十分现代，植被苍翠繁茂，富有自然主义风格，充分表现了他的理念。这座庭院使人回想起他在英国皇家园艺学会切尔西花卉展上多次获奖的花园作品，只不过这是一处家庭花园，部分还是试验性的，也是一项正在进行中的工作，正如大部分花园一样。

斯图亚特－史密斯对草场情有独钟。这座多年前撒籽的本地草场，在维护上不需花费太多精力，只在每年深秋打一次草即可。这座引入的或者说设计过的草场品种丰富。谢菲尔德大学名誉教授詹姆斯·希契莫对这座草场提出建议，即在多个客户项目中实施的植被协作过程再重复开展一次。这项工作的强度比维护原始草场的大得多，但比维护其他植被要轻松一些。自从2011年植物种下后，植物群系不断生长，斯图亚特－史密斯也不断地增加物种。

英国伦敦的白金汉宫花园

引人瞩目的王室花园聚会

1926年，一年一度的王室花园聚会在图中白金汉宫的草坪举办。

1868年6月，英国维多利亚女王首次在白金汉宫举办花园聚会。尽管他们是在近黄昏时举办的，但一开始被描述为"早餐会"。这是阿尔伯特亲王去世后，女王用举办花园聚会的方式开展的一种社交活动。

这个传统保持了下来：每年夏天在白金汉宫举办三次花园聚会，在爱丁堡的圣十字宫举办一次。每年邀请约三万位宾客参加聚会。

爱尔兰的比尔城堡领地

一座天文学家的花园

周围的老树使得这台历史上巨型望远镜"利维坦"的大尺寸不那么显眼。

第七代罗斯伯爵及家族对图中的这座位于爱尔兰奥法利郡伯尔镇的花园的热爱，不亚于他们在科学与工程的非凡成就。第三代伯爵威廉·帕森斯制造的巨型望远镜"利维坦"使这里成为19世纪中期世界天文学界的中心。随着现如今更先进的天体物理学观测设施国际低频阵列射电望远镜的建成，这个热爱园艺的传统仍然在持续着。

除了造就这些科学上的杰出贡献，这座规整的花园还拥有世界上最高的黄杨树篱，还种植着品种繁多的、优良的稀有乔木和灌木。当今的伯爵和伯爵夫人继续传承了植物搜寻的家族传统，近来，他们在不丹、中国、吉尔吉斯斯坦和新西兰等国踏上了寻找植物之旅。

迪伦·托马斯的写作小屋

赋予人以灵感的一处海岸风景

托马斯的写作小屋
地处江河入海口，
景色优美。

英国诗人迪伦·托马斯的写作小屋之前是一座车库，建在威尔士的拉恩镇他家（船库）上面陡坡的尽头。在他短暂的一生中，他在这里度过了生命时光最后的四年。尽管由于有一位慷慨的恩主支持，他拥有一个长期稳定的家，但潮湿的海滨气候并不如他的意。潮汐不断变化的三处入海口和远处的高尔半岛美丽风景启发了他的灵感，在这里创作了诗《圣约翰山上》，写成了著名广播剧《牛奶林下》。托马斯的名句"诗句在广阔空间四处飞溅"激励了同时代的其他作家在自家写作室之外的场所进行创作，其中引人瞩目的是罗阿尔德·达尔（参见第 259 页）。

《亲爱的，我把孩子们缩小了》（1989）

从一只蚂蚁的角度看到的风景

从一个小虫的视角所展现的简单举动能够激发不同园艺手段的多种变化以及产生不同的思维方式。

所普通家庭的花园突然间变成了危险的丛林。一个家庭的几个十几岁的孩子到邻居家的后院找回了他们的棒球，就在进行这样一个简单的举动时，这群孩子突然变成了微型人。原来，剧中安排了一位发明家，他发明的一台试验机器造成了这个后果。上述故事是电影《亲爱的，我把孩子们缩小了》中的桥段。这部电影于1989年的今天在美国公映，在英国的上映时间为1990年2月9日。

这部影片着重强调了在花园地上栖居的一些小动物的视角，如蚂蚁和甲壳虫。某些偶然而为的平常之事，比如拉一条软管浇水而形成的几个小水坑，对某些生物来说会危及生命，而这些生物又是一座花园的生态系统的组成部分。

莫蒂斯方特修道院的玫瑰花园

一座仲夏花园

六月，并不太热。在这个季节的一个夜晚，安坐在图中的这把长椅上静心欣赏玫瑰，无比惬意。

英格兰汉普郡莫蒂斯方特修道院，此处闻名的玫瑰花园是修道院所属各式花园中的一部分。1972 年，英国的玫瑰专家格雷厄姆·斯图亚特·托马斯在这座带有围栏的花园里建立了（英国）国家玫瑰收藏馆，收藏了 1900 年以前的玫瑰品种。玫瑰的盛花期一般是在每年六月的后两周，但还要看当年的天气情况。老式玫瑰通常一年只开一次花，这与现代玫瑰品种不同。最佳参观时间为盛夏的任一个夜晚，这个时候，残余的热量从遭受太阳暴晒的围挡中散发出去，玫瑰的芬芳会更加浓郁，更加诱人。

奈普城堡带围栏的花园

再次野生化的花园

把花园重新野化，人们须转变传统园艺思维。在此工作中，园艺师们扮演着重要角色。

奈普庄园位于英国西萨塞克斯郡霍舍姆镇，在此开展的前期试点项目始于 2001 年。2019 年，项目重点转向对毗邻城堡的这座带围挡的花园进行再野化的工作上。为了帮助这处花园实现生物多样性，在由詹姆斯·希契莫教授、米克·克劳利教授、杰卡·麦克维卡和查理·哈珀组成的一个专家合作团队的大力支持下，设计师汤姆·斯图亚特 – 史密斯制定了一个总体规划。

对花园的野化须重建栖息地。之前这座带池塘的花园很平坦，现在有意建造一些小凸包和几个排水沟，旨在修建不同的栖息地，支持各式各样的植物和野生动物的多元化。同时，设计师也规划了种植项目，提高开花植物的多样化。碾碎的混凝土和锐利的沙子覆盖了地面，在土壤较多的区域沙子只会被铺上薄薄的一层，而"较脏的小路"则寄希望植物进行自给籽晶，一旦某一物种占据主导地位，生态系统就自动进行纠偏。

美国加州的费罗丽庄园

《豪门恩怨》中的花园

在费罗丽庄园，修剪齐整的紫杉树篱把图中这座下沉花园与其他区域分割开来，色彩斑斓的花草树木代表了当时的季节。

在20世纪80年代美国电视连续剧《豪门恩怨》中，费罗丽庄园成为卡林顿公馆的外景，从此一炮而走红，成为明星地标。不过，这里位于加州北部山区的伍德赛德小镇，而不是剧中人物卡林顿的家乡科罗拉多。

庄园主人威廉·鲍尔斯·博恩委托了设计师布鲁斯·波特，希望在这座花园中保持一种隐居和私密的氛围。精心修剪的各式树篱和几堵砖墙划分了不同空间区域，包括意大利风格的地坪和一座下沉式花园，不过，这座花园仍保有着这处景观以外的很多风景。现在，为了保护这处宝贵的景观，全美历史文物保护信托基金成为这座花园的所有者，花园得到了精心的保养和维护。此地向南不远便是硅谷，向北则靠近圣安德里亚斯断层。

英国的斯昆宫花园

多位植物收集家作出的重要贡献

图示为斯昆宫花园内的花旗松。担任一位植物收集者十分危险。有段时间，多数植物收集者在开始这项工作的一年内就不幸命赴黄泉。

苏格兰珀斯镇的斯昆宫花园曾经是苏格兰国王的加冕地和著名的斯昆石的原产地。同样，这些花园和宅地都经历过风风雨雨，是历史的见证者。戴维·道格拉斯（David Douglas，1799~1834）就在此地出生。他在此地先从当一个学徒开始，后来，他成了一位探险家和植物收集者。道格拉斯在北美考察探险长达 10 年之久，其间遭受了残酷的令人难以想象的身体折磨，最后英年早逝，年仅 35 岁。他的遗体在夏威夷诱陷野牛的深坑里被人发现的。当时已有一头野牛掉入坑中，道格拉斯后来被牛角刺死。

以道格拉斯的名字命名的一座亭阁和一条花园小径记载着他与这座花园的重要关系。他从北美引入的花旗松（花旗松的英文名称是"Douglas fir"，内含"Douglas"。——译者注）至今仍在花园里高高地耸立着。他还引进其他知名的花园植物，包括羽扇豆、草夹竹桃属植物、向日葵、花菱草、荷包蛋花、沟酸浆属植物、红醋栗和雪果。

新加坡的滨海湾花园

超级规模的一组花园

灯光照明为这几棵著名的超级树增添了更多的戏剧性光芒。

在新加坡中心区，沿着滨海湾共有三座巨型天然公园，滨海南花园是其中的一座。这座花园的任何东西都是超尺寸的——从世界上最大的温室到偶像级的由金属制成的那些超级树。

年中的每一天，都有某些花在盛开。通过前沿技术，新加坡技术人员能使这座花园持续运作。在新加坡的气候条件下，为满足温室内栽植植物所需的条件，云森林温室可以调控至适宜的凉爽温度。游客可以从超级树的观景台鸟瞰这三座花园的美景。这的确是一座独特的花园。

184

英国的霍尼曼博物馆与花园、草场花园

博物馆的几座花园

这座草场花园的植被总是被选中，成为在霍尼曼博物馆内举办的世界艺术展的标志物。

英国伦敦的草场花园是一种生动的植物展示，与博物馆内人类学和自然史展览密不可分。这座草场把来自南非和北美的植物融合在一起，颇具自然主义风格，是设计师詹姆斯·希契莫夫博士与霍尼曼博物馆负责植物种植的花园团队共同协商后设计的。它的随意性与这座博物馆周围较老式、更传统的几个花园区域形成鲜明的对照。霍尼曼博物馆于1901年的今天对外开放。

达芙妮·杜穆里埃的《蝴蝶梦》（又称《丽贝卡》，1938）

曼德利庄园（小说中的庄园）

1940 年夏，阿尔弗雷德·希区柯克的电影版本上映。

> 昨晚，我做梦又去了曼德利庄园。
>
> ——达芙妮·杜穆里埃在《蝴蝶梦》中写道

在文学作品中最著名的开头几行文字中，有一行能迅速抓住读者，引发他们的好奇，驱使他们去探寻是究竟是什么把原来的一个"珠宝"变成了一座废弃的花园，花园里植物疯长，衰败不堪。

马克西姆·德温特的第二个妻子是个默默无闻的解说员，德温特的梦想是再现一座房子和花园，由它们承载德温特死去的第一个妻子丽贝卡的记忆。花园中，无数鲜红的杜鹃花组成的灌木丛是丽贝卡的最爱。当一根根艳丽的鲜花花梗被展示在这所房子的一个单独房间时，它们好像是丽贝卡的化身，像幽灵一样四处游荡，无处不在，挥之不去。实际情况是，达芙妮·杜穆里埃受到一座真实的蒙纳比利庄园的启发，她在这里一直住到《蝴蝶梦》出版以后。

英国的贝特曼宅院

这座花园的荣光

这幅水彩画展现了图中吉卜林时代的别墅和花园，它是由爱德华·约翰·波因特爵士于1913年绘就的。

我们的英格兰就是一座大花园，

这样的花园并不是轻松坐在阴凉处唱着"啊，多么美丽！"而建成的。

比我们优秀的人们外出奔波，开始谋生，

用坏掉的餐刀在布满石砾的小径挖草根。

——选自诗歌《这座花园的荣光》(1911)

英国作家拉迪亚德·吉卜林自1902年住进英格兰东萨塞克斯郡伯沃什村的贝特曼宅院，直到他1936年去世。1907年，他成为第一位获得诺贝尔文学奖桂冠的英国作家。他把奖金花在自家的建设上，设计了贝特曼花园的大部分，创建了一种"艺术与工艺"的布局，与17世纪的宅院完美地融为一体。他还修建了一座花园供孩子们玩耍，也为其他亲朋好友提供一个休闲的去处。从吉卜林写作的地方可以俯瞰花园，这激发了他的灵感，创作出诗歌《这座花园的荣光》。

187

瑞士弗洛－阿尔卑斯植物园

一座真正的阿尔卑斯山（高山）花园

弗洛－阿尔卑斯植物园映衬在美丽的瑞士瓦莱州的阿尔卑斯山下，植物园内长满高山植物。在海拔1500米的高处，几条弯曲小路穿过涉水区的多座小桥，在不同的山地植物园中迂回蜿蜒。这座植物园种植了4000个物种，包括当地植物群系和世界上其他山地的植物。专家正在研究高山生态系统与这个环境的关系。一座传统的小木屋坐落在这座植物园的中心位置。

英国的蒙斯台德伍德花园

格特鲁德·吉基尔的花园

上图：蒙斯台德伍德的草本边界绿化带，由海伦·阿林厄姆于1903年绘制

对页图：高山植物与弗洛－阿尔卑斯植物园完美地融合在一起。

> 只要告诉我你的地盘在哪里，我就会告诉你该栽什么植物。
>
> ——格特鲁德·吉基尔（1900）

英国建筑师埃德温·勒琴斯设计了位于英格兰萨里郡戈德尔明镇蒙斯台德伍德的宅邸，这样大部分一层房间都能向外直达他的客户的花园。格特鲁德·吉基尔因与勒琴斯的合作关系而成为20世纪早期花园设计领域具有影响力的著名人物之一。

吉基尔是一位受过严格专业训练的艺术家，但在中年时转向园艺，她早已很差的视力更加恶化了。她除了与勒琴斯的合作之外，还撰写了广泛涉猎色彩、花园植被和园艺等方面的大量文章，这些文章均彰显了一种自然主义风格。为了突出四季分明的特色，她倡导将花园划分为不同的区域，在每一区域栽种不同植物，这些植物大约能在同一时间生长至枝繁叶茂的鼎盛状态。

189

美国的蒙蒂塞洛花园

托马斯·杰斐逊的花园

这处果菜花园没有高墙围挡，也并不隐秘。从图中这处地坪望去，能够领略到周围的美景。

　　我经常去我的花园或农场，在户外要全力以赴地工作，就像在华盛顿时的室内工作一样，我发现新的生活方式能让我快乐无比。

——托马斯·杰斐逊（1809）

托马斯·杰斐逊是美国独立宣言的主要起草者、政治家和第三任美国总统。他曾担任美国驻法国路易十六王朝的大使多年，作为一位园艺家，在法国的这段经历对他影响很大，他还参观过许多英国的花园，对他也有所启发。

　　这座位于美国弗吉尼亚州夏洛茨维尔市的花园丰产且美观，原本的花园设计初衷是用来观赏，而不是隐藏在高墙后面。连串梯田的高度渐次降低，最后与一座大型果园连在一起。当第二个总统任期结束后，杰斐逊非常开心地隐退，回到自己的花园和农场。1826年的7月4日杰斐逊去世。每年的7月4日也是美国独立纪念日。

美国华盛顿特区的白宫花园

玫瑰园

无数次的新闻发布会在这座玫瑰园召开，接待了数不清的各国政要，这座花园因此成了闻名全球的花园。白宫玫瑰园进行了几次翻新，焕发了生机。无论修葺了多少次，现在的玫瑰园依然体现了1961年的设计原则。

1961年，美国总统约翰·F.肯尼迪对法国进行了一次国事访问。在访问过程中，他看到了许多花园，觉得自己的花园与那些花园相比有些寒酸，遂决定对白宫花园进行翻新。

白宫玫瑰园靠近椭圆形办公室，经过慎重考虑，肯尼迪认为这个位置是举办国事活动的一处理想场所。他挑选了家族友人雷切尔·"邦妮"·兰伯特·梅隆领衔这个项目。作为一位学识渊博的非专业园艺师和园艺学家，她与设计师佩里·吉约一起提出了一个简约且经典的方案，即修建一处室外空间。这座花园突出了白宫，把两个建有柱廊的侧翼、主楼和这座花园外的其他部分连在一起。

几级大台阶将所占面积增加了一倍，成为靠近椭圆形办公室的一个平台。花园草坪足够大，能容纳1000人；但又足够小，只用一个大帐篷就能全部覆盖。

191

英国的洛根植物园

苏格兰的异国情调花园

在苏格兰最富异国风格的花园里，开满了鲜花。

洛根植物园地处苏格兰西南部末端的斯特兰拉尔镇洛根港，是一处稍微遥远的神秘花园。在这样一个靠北的区域，有这样一座外来格调极其浓郁的花园让人吃惊。温暖的墨西哥湾流为从澳大利亚、新西兰、南美和中美洲、南部非洲引进的植物提供了理想的条件，这些植物在户外生长旺盛，枝繁叶茂，为这座植物园增添了一种别样的氛围。在一个安宁、自然的格局中，植物园的突出景观包括一处桉树树林，一处棕榈树林、树蕨，以及一片巨大的长得像巨型大黄的根乃拉草丛，这些草丛都盖过了参观者的头部。

自1969年开始，洛根植物园就成为爱丁堡皇家植物园的一座区域性分园。

美国"山峰"

伊迪丝·沃顿的花园

这座建筑物的基底面与规整的花园边界绿化带形成了平衡，展示了这位作家的设计理念。

虽然经过拼搏，我取得了成功，但我还是感到吃惊。毫无疑问，我更像是一位优秀的景观园艺师，而不是小说家。这个地方的每一寸土地都是我自己的事情，远超"欢乐屋。"

——伊迪丝·沃顿（1911）

"山峰"位于美国马萨诸塞州莱诺克斯镇，是1902年为作家伊迪丝·沃顿建造的。她亲自设计的花园回答了她自己关于什么是一座花园，花园应当像什么的问题。

沃顿认为，各类花园是具有建筑属性的，正如诸多建筑物一样。修建这一系列室外空间应当与住处和周边景观和谐融洽，这座花园展现的正是这样的理念。

沃顿是一位成功的作家，也是一位颇具有影响力的"时尚引领者"。她撰写的著作《意大利别墅及其花园》（1904）把她的理念传递给了大众。沃顿在法国拥有几处住所，她还为这些住所修造了花园（参见第229页）。

英国的克利夫登花园

一座声名狼藉的花园

这是过往许多聚会中的一个场景，目前是一个休闲之处、一个更加宁静的环境，在这里人们可以在阳光的沐浴下游泳，也可以懒洋洋地躺着享受日光浴。

克利夫登花园位于英格兰伯克郡泰普罗村。从花坛望去，参观者会尽览花园壮观的全景，这就是克利夫登花园的引以为豪之处。1961年的今天，这座曾经属于阿斯特家族的别墅发生了一桩丑事。当时，19岁的克莉丝汀·基勒是一名苏联间谍嫌疑人的情妇，在这里的室外游泳池偶遇负责军事的英国国务大臣约翰·普罗富莫。一次会面引发了风流韵事，加之基勒的间谍背景，成为动摇英国政府的一个巨大丑闻。

这所花园还经常成为电影拍摄的外景地。1965年，披头士电影《求救！》的部分场景在此摄制。在不同场景之间，披头士乐队与这部影片的摄制组围着花坛举行比赛。

斯潘塞·弗雷德里克·戈尔的《赫汀福德伯里的网球》

游戏、比赛与对手

《赫汀福德伯里的网球》（画布油画，1910），斯潘塞·弗雷德里克·戈尔创作。

机械式除草机（见第246页）的发明把花园变成了健身的场地。在1870年前，在草地上举办各类比赛已经习以为常了。

图示网球赛在赫里福德郡乡村地区斯潘塞母亲的花园里举行。斯潘塞·弗雷德里克·戈尔经常画这个花园，各种景观和室内音乐厅场景也是他常画的题材。画中，戈尔的妹妹一人在打网球。草坪网球是家庭喜爱的一项运动。在全英草地网球和槌球俱乐部举办的第一届草地网球锦标赛上，也就是我们今天所熟知的温布尔顿网球锦标赛的前身，身为艺术家的父亲斯潘塞·威廉·戈尔夺得了男子单打比赛冠军。那次比赛原定用一周的时间，于1877年7月9日开赛，但由于降雨延误，决赛一直推迟到了7月19日。

195

英国的比达尔夫田庄

一座尘世间的花园

走遍这座位于英格兰斯塔福德郡的花园意味着是一次环球之旅。花园创建者、土地拥有者兼商人詹姆斯·贝特曼是一位狂热的园艺学家。他拥有巨额财富，建造了一座花园，这座花园里展示了他采集的大量植物，每个区域代表着不同的国家或花园风格。其中最引人瞩目的品种来自中国、埃及的峡谷和英国柴郡的村舍花园。

在建造花园的 20 年中，贝特曼雇用了大量植物收集者，替他在全世界搜寻珍树异草。他退出后，他的儿子接手，但在 1872 年卖掉了这座宅邸，他们修造的花园逐渐衰败，破落不堪。100 多年后，针对此园的一个大型修复项目启动，但对于一座具有如此历史与规模的花园来说，这还只是序幕，完全重建仍然任重而道远。

加拿大魁北克的梅蒂斯花园

蓝色花园

这片蓝色罂粟花丛通常在7月的前两周进入盛花期。

这座充满园艺情趣的花园之所以诱人，有几个原因。它是北美地区最靠北的花园之一，坐落在一处孤立的云杉林中。花园是由埃尔希·里福德建成的。1926年，54岁的她开始建造一座不一般的花园。尤为艰难的是，花园建设场地距离几个苗圃长达数百千米，路途遥遥，环境之艰苦，常人难以想象；其他必需的采购方面的工作也是步履维艰，还有其他难以预料的困难。面对重重挑战，埃尔希·里福德从不气馁，从不言弃。

里福德种植了大约3000种不同品种的植物，包括本地和外来物种，还有专门为适配花园的独特条件而精选的植物。霍香叶绿绒蒿在这里茁壮成长。在这座花园著名的蓝罂粟林里，从6月末开始大约一个月的时间里，一丛丛的蔚蓝色鲜花争相开放，煞是喜人。

约翰·康斯特布尔的《戈尔丁警察的花园》（1815）

从花园到花瓶

在康斯特布尔的鲜花花园中，色彩的星星点点与周围乡村景色形成鲜明对比。

艺术家约翰·康斯特布尔的家在英国萨福克郡东伯格霍尔特村，他在自家楼上向外眺望，绘制这座花园。在 19 世纪初，这种花园是一种新时尚，艺术家的母亲照看这些装饰性的绿化带。清晰的花园边界与四周景观形成了对比，这是康斯特布尔最为知名的作品主题之一。不过，这位艺术家从未公开展出这幅个人画作。

约翰·康斯特布尔的《戈尔丁警察果蔬园》（1815）

桌子上的花园

在这座有树荫的果菜花园里，艺术家用浅影笔法突出了一处丰产茂盛的空间。

约翰·康斯特布尔的这幅画把他家的果蔬园设置在村落布局的背景下，还有邻居们的地块和远处的风景。一位园艺师管护着这座大型果蔬园，看起来是个大丰收的场景。这位艺术家是从他父母家的楼上绘制这幅画的，是更个人化的系列画作中之一，不过他从未公开展出这些画。

199

法国巴黎的杜伊勒里宫花园

玛丽·安托瓦内特的安全岛

上图：杜伊勒里宫多年来一直是广受大众欢迎的一座公共花园。

对页上图：一条弯弯的小溪从一个八边形小水池流入和流出，这是罗夏姆园最闻名的景致之一。

对页下图：暹罗国王花园鲜花盛开。

这座花园是1789年见证法国大革命的重要地方。当时路易十六和玛丽·安托瓦内特逃往杜伊勒里宫避难。杜伊勒里宫的名字取自几百年前此地的几家瓷砖工厂。

图中的花园最早由久负盛名的安德烈·勒·诺特尔设计，花园中的一些布局、几座水池和千姿百态的历史性雕塑保留了下来。这座宫殿在巴黎公社期间损毁严重，但它的庭院得以幸存。这是一处受欢迎的大型公共花园，也是两家文化中心的所在地，即法国国立网球场现代美术馆和橘园美术馆。莫奈所画最大睡莲中的8幅在这两处文化中心陈列，场面华丽壮观。

英国的罗夏姆园

乔治一世和二世时期风格的一座杰作

永恒的罗夏姆园位于英格兰牛津郡比斯特镇，是英国最具影响力的花园之一，受到顶级花园设计师的青睐。它是少有的几座保持原样的18世纪花园之一，其奥秘在于一个家族建造了一处宅邸且一直拥有。当时，该家族委托威廉·肯特设计宅邸周围的景观。肯特是乔治一世和二世时期最享有盛名的景观设计师之一，罗夏姆园被公认是他的杰作。

英国伊顿公学的花园

一座学校花园

英格兰伯克郡的伊顿公学，其千姿百态的美丽花园并不广为人知。校园的多座花园都很有特色，包括教务长花园、教员花园和暹罗国王花园。其中，暹罗国王花园是1929年修建的，泰国国王罗摩七世是伊顿公学的校友，他向母校学校捐赠了一笔款项，学校于是建了这座花园。这座花园原址是马厩，在2010~2019年进行了重修，设计师为詹姆斯·亚历山大·辛克莱尔。

英国的切尔西药草园

一座药剂师花园

在砖墙的后面，坐落着一座带着一种历史感的花园，这座花园好像具有某种隐秘性。

1673 年，英国药剂师学会在伦敦建成了这座花园，用于栽种可能有药用价值的植物。它在探求新发现的植物如何生长，成功培育需要的条件及其用途等方面起到了重要作用。这座花园靠近泰晤士河，地理位置优越，还益于当地较温和的气候，因而花园能够接纳从世界各地搜罗的植物，英国最大的一棵仍在结果实的橄榄树就生长在此。花园礼聘了数位著名的设计师，包括菲利普·米勒，他从事这项工作将近 50 年，花园植物数量几乎增长了一倍；威廉·福赛思，他设计的这座池塘假山至今还保留着；还有罗伯特·福琼，他的许多创新设计我们在今天都还能见到。

这处重要的研究型花园承载着一段辉煌的历史，现如今，它仍然是一片独特的不易被发现的绿洲。

202

爱德华·马奈的《一场槌球比赛》(1873)

花园里的比赛

画中描画的这场槌球赛并不是在一处修建整齐的草坪上进行，比赛场景比较常见。

随着19世纪末拥有花园的人不断增加，花园逐渐成了休闲娱乐场所以及园艺爱好者施展才华的天地。1830年，机械除草机的发明在其中扮演了重要角色（参见第246页）。当时，槌球是一项非常时髦的运动，而且女性可以与男性一起玩耍。爱德华·马奈描绘的这个印象派花园场景，并不是随随便便的一瞬间，画中男女组合是特意安排好的：两位男性中的一位是艺术家同行，另一位是友人，女性是两个模特，摆出了经典的印象主义造型。因此，这座花园看上去甚是舒适安逸。

7月19日

英国的"蝶螈园"

一座庄园式花园

图中"抛物线"位于花园的正中央，有一个由苹果树组成的迷宫。

英格兰索默塞特郡卡里城堡村的"蝶螈园"在近 200 年里，经历过多次修改。较早前这里被称为哈兹宾庄园，是霍布豪斯家族的宅邸，呈现维多利亚时代的理想风格，在 20 世纪 70 年代，著名花园设计师佩内洛普·霍布豪斯重振了这种风格。从 20 世纪 80 年代末开始，加拿大植物专家诺里和桑德拉·波普为试验多年生植被的色彩效果，把这座由围墙围起的抛物线形状花园转变成一座鲜活的试验场。

自 2013 年开始，法国建筑师帕特莉斯·塔拉韦拉再一次作出了改变：用苹果树建成了迷宫，还修建了中央水景，花园因而既盛产苹果，又风景宜人。现在，人们可以通过一款名为"园艺的故事"的交互式体验软件探究花园的历史，还可以利用数个虚拟现实短舱参观世界上千姿百态的著名花园。这处庄园的名字很少见，是受蝶螈的启发而取的，这种动物长着大顶冠，喜在田园里群居。

204

2007 年英国皇家园艺学会切尔西花卉展上的 "在火星花园生活（600 天）"

红绿相间的行星

"在火星花园生活（600 天）"在 2007 年英国皇家园艺学会切尔西花卉展上荣获金奖和最优展示奖。我们特地选择人类第一次登月的时间 1969 年 7 月 20 日作为本书介绍这个太空主题获奖作品的日期。

火星上存在生命吗？尽管目前仍没有确切答案，但对太空的探索会继续增加我们对太阳系行星的认知。为了参加 2007 年英国皇家园艺学会切尔西花卉展，景观建筑师莎拉·埃伯利花了整整 8 年的时间筹划这个参展花园。她是基于航天员们在火星上生活 600 天的大胆设想——从地球到火星穿梭往返可能只是需要两年时间。人类第一次登月发生在为 1969 年的今天。

埃伯利全面地研究了火星上的各种环境，她向多位航天专家求教。任何一个因素只要在科学上存在可能，都会改变火星的外观。每一株植物都经过精选，既能药用又能食用，主要是满足科学需求，艺术效果次之。水作为一种珍贵的资源必须保留。

全球变暖这个残酷现实使得园艺家们强烈地感到肩负的沉甸甸的责任。

墨西哥的圣克里斯特博马厩与别墅

一座建筑型花园

这个洗马池是个浅水池，其白底色突出了水的清澈。有一个大型喷泉，时常为池子供水，为庭院增添凉爽感。

我从不分割建筑、景观和园艺；对于我，它们是一体。

——路易斯·巴拉甘

在20世纪最享有盛誉的建筑师中，路易斯·巴拉甘把自己描述为一位景观建筑师，他认为花园是一所住房的组成部分，花园应当把"诗意与神秘感融为一体"。图示花园就是他最著名的作品之一。作为一处私人庄园的一部分，巨大的长方形庭院包括一处住宅、多个马厩和一些附属建筑。用不同颜色的灰泥墙分割空间是巴拉甘设计风格的鲜明特征之一。图中的粉红色墙体把庄园划分成了不同区域。粉红墙的入口或门道可供人骑马出入。

花园周边区域宁静，属于半田园风格，设计建造于 1966 ~ 1968 年。尽管墨西哥城无休止地扩张相对改变了这个位置，但圣克里斯特博仍然保持着静谧的气氛，正如巴拉甘原来的愿景一样。

美国加州的安乐乡

一座博采众长的花园

在安乐乡的芦荟花园，几个巨大的蚌壳构成了一处小瀑布，瀑布的水流入四周摆放着大大小小鲍鱼壳的水池。

波兰出生的歌剧演员甘纳·瓦尔斯卡在她40多岁时才修建了这座位于美国加利福尼亚州蒙特西托镇的美丽花园。她的大部分财富来源于自己的6次婚姻，修建花园的费用当然是小菜一碟。她委托了几位设计师提供了设计方案，但她不甚满意，亲自对方案做了诸多修改，为的是满足自己的多种喜好，并且从设计到栽植的每个细节，她都亲力亲为。因此，她才是实际上的首席设计师。

安乐乡体现了瓦尔斯卡的魅力，也是好莱坞黄金时代仅存的几个花园之一。这座园内种植了3000种从全球收集的各种各样的植物，每个分区都呈现各自独有的风格。1984年她去世时，这座花园及其他财产都被捐献给了甘纳·瓦尔斯卡安乐乡基金会。

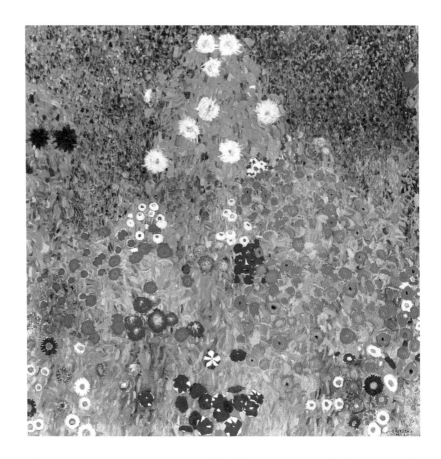

古斯塔夫·克利姆特的《小屋花园》（1905）

古斯塔夫的花园

古斯塔夫·克利姆特绘制了画布油画《小屋花园》（1905）。

奥地利象征主义画家古斯塔夫·克利姆特用他典型的印象派风格创作了一系列花园体裁的作品，他创作这类画作也是为了抒发他的情感。但在这幅画中，千姿百态的花卉品种无疑可以区分开来，包括小屋花园的镇园之宝雏菊、大丽花、矮牵牛花和极少量的一种单瓣深蓝飞燕草。

墨西哥瓦哈卡国家植物园
一座独特的植物园

墨西哥的白云阁仙人掌栽种在一座花园小路的两侧。它的通用名字反映了这样一个现实：传统上，种仙人掌的目的是竖起一堵活生生的围栏。

这处植物园邻近位处墨西哥瓦哈卡的历史性地标圣多明哥教堂，是教堂庭院的一部分，后来被墨西哥军队占据了120多年。政府一开始的规划是在这里建设一座宾馆和停车场，但著名的艺术家弗朗西斯科·托莱多带领一个社区团队游说政府，希望建设一座代表着本地区文化和广大民众的植物园。

这座植物园由艺术家路易斯·萨拉特、亚历杭德罗·德·阿维拉和托莱多设计，于1998年正式开放。植物园最大限度地体现了瓦哈卡当地植物的多样化特性，反映了瓦哈卡州的艺术和文化传统以及它们在墨西哥自然中的重要地位。

英国牛津植物园

莱拉和威尔的花园

在这个具有历史价值的植物园里，观赏植物与研究植物的区域合而为一体，浑然天成。

牛津植物园是英国最古老的植物园，也是世界上年代最久远的研究型植物园之一。这座植物园创建于1621年的今天，原来用于种植植物以开展医学研究。这座植物园展示了世界上植物的重要性。科学研究的众多成就带来植物分类的变化，产生了正式分类——科。

但这所植物园成功地把实用植物和审美植物合而为一。花园一个角落的一条长凳是菲利普·普尔曼所著《黑暗物质》三部曲中的著名场景，吸引访客趋之若鹜。书中人物莱拉和威尔意识到他们必定要终生分离时，莱拉带着威尔来到这条凳子旁，这条凳子位于威尔的世界，但凳子的地点在莱拉的世界也处在同一个位置。这座植物园虽然在与时俱进，但无疑也在传承着自身的重要历史。

英国的萧之角

一座剧作家花园

萧伯纳来到他自己专门改装的写作小屋。壁装式的电话表明他并不在意写作时受到打扰。

爱尔兰剧作家乔治·萧伯纳出生于1856年7月26日。在他功成名就、风光无限时，从伦敦迁至赫特福德郡阿特·圣劳伦斯村的一栋两层红砖小楼居住，他给小楼取名萧之角。在去他著名的回转式写作小屋的路上，他会踱到这座宁静花园的尽头。

萧伯纳喜欢随着阳光写作，因此他把写作小屋安装在一个旋转机械装置上，这样小屋就能转动。在这个小屋，他创作了大量戏剧。

英国纽比庄园

乡村里的蜜蜂与小虫

修剪整齐、排列紧密的紫杉树篱映衬在这些独特的草本边界绿化带中，构成了一个深色背景。

自20世纪20年代开始，康普顿家族的几代人建成了位于北约克郡的纽比庄园。这种双重边界绿化带是花园最著名的特色之一。绿化带长172米，是乡村地区最长的绿化带之一，沿着南北轴形成斜坡，顶部在这座庄园，底部在尤尔河。近几年，花园进行了翻修，许多植物准备被挖出、分开，然后再重新移植，色彩主基调也进行了更新，这些举措都是重建这座花园的一部分。经过深思熟虑而提出的方案会使花园从暮春到夏末都被色彩点缀，成为无数飞舞的蜜蜂和蝴蝶的一处天堂。

一些令人喜爱的特色植物包括白花风铃草和飞燕草保留了下来，它们与新引进的植物如棉花或大翅蓟散种在一起。紫菀属植物、大丽花和长花期的天竺葵"帕特丽夏"延长了色彩斑斓的鲜花的呈现时间，一直到夏季结束为止。

212

英国野村国际公司的屋顶花园

都市里的蜜蜂与小虫

在这个丰产的城市花园，支撑豆类生长的一根根藤架与伦敦碎片大厦的轮廓相呼应。

英国野村国际公司位于英格兰伦敦城天使巷 1 号，其屋顶花园将生物多样性与伦敦城一处壮观的风景融为一体。自 2011 年，这座屋顶花园一直栽种有机蔬菜和许多开花植物，吸引了大量授粉者和鸟类。绿色屋顶中的一个区域有几个蜂巢，是由公司的一些慈善合作伙伴养护的。夏季，这里每周都接待络绎不绝的参观者，公司员工们因此有机会了解蜜蜂在生态系统中所扮演的关键角色，在 7 月和 8 月参与蜂蜜的采收。

近年来，这里安置了可用作许多动物巢穴栖息地的物件，包括各式蜜蜂搁架、大大小小的圆木椿和多个巢箱。这些措施非常奏效，吸引了独居的蜜蜂群和许多其他动物在此繁殖，促进了城市生物的多样性。

英国"豪瑟沃斯画廊"
奥多夫的旷野

经过精心设计的旷野植被像是周围乡村地区的一个代言人，如果季节变化，其有机外形自然随之改变。

这座位于英格兰索默塞特郡布鲁顿村的花园，就像一幅巨大的抽象织锦挂毯，挂毯上缀满了英国风景。大丛大丛的多年生植物和观赏性草地是其中的主角，这个创意是荷兰花园设计师皮特·奥多夫提出的。他认为，叶子的形状与花朵的颜色、大小同等重要。那些开败了的花和种子穗的腐败或衰落会继续在冬季形成结构性效果，还会成为鸟类和其他野生动物的一种食物来源。

奥多夫的当代理念进一步弘扬了以往大师级植被设计师们的传统，如格特鲁德·吉基尔（参见第189页）和卡尔·弗尔斯特（参见第331页）。另外请参见第288页奥多夫的自家花园。

《一座花园里的妇人和孩子》
（1883 ~ 1884）

一座夏日里的花园

贝尔特·摩里索
绘制了画布油
画《一座花园里
的妇人和孩子》
（1883 ~ 1884）。

贝尔特·摩里索的画作可使人自然地回想起某个夏日的下午，在一座花园里度过的美好时光。这幅画的画面聚焦在这位妇人和孩子身上，花园只是陪衬，意味着夏天的曚昽或突出这两个重要的人物。画中的花园是法国布维尔镇的家庭度假别墅的花园，摩里索的女儿在此摆弄着小帆船。

在一个时期里，当女性艺术家们需要一位陪伴人时，摩里索就可以练习绘画；她的画作反映了自己的生活情景、随处可进的私人花园和诸多安全的绘画场所。她嫁给了艺术家爱德华·马奈的兄弟尤金·马奈。她是第一批画男性的女性画家之一，在一处家庭背景中画自己的丈夫。

英国巴斯皇家新月花园

敢于与众不同的街边花园

皇家新月花园是一处广受欢迎的电影外景地,在这里拍摄过简·奥斯丁的《劝告》,2008年由凯拉·奈特利主演的电影《女公爵》和奈飞公司的电视连续剧《布里奇顿》。

巴斯的皇家新月花园的所在地是英国最知名的街道之一,无论是否在英国,它都昭示了什么是面向民众的城市。这条街道由小约翰·伍德设计,在1767 ~ 1775年完成建设。它的30座斜坡顶宅邸紧靠在一起,看起来就像一座完整的建筑,还建了一堵矮墙以阻挡放养的动物穿越前面的花园区域。花园内主要由盛栽种植物的大型容器组成。

20世纪70年代,22号房主阿玛贝尔·韦尔斯利 – 科利小姐把她自家的前门漆成报春花的黄色,而传统的前门都是清一色的白色,这在当时引发了一场轩然大波。她维护了自己的权益,因而她的门可以保留黄色。她后续的房主们仍然可以继续保持着这个颜色,与邻居们明显区分开来。

《宗教节日》（1876）

花园茶会

詹姆斯·蒂索创作的《宗教节日》（画布油画，1876）。

在伦敦圣约翰伍德区自己家的花园，艺术家詹姆斯·蒂索画了这个茶会。巴黎公社失败后，他搬到了这里。这是个大花园，有一个规整的石砌边壁的水塘，水塘周围矗立着一圈高高的柱廊和茂密的欧洲七叶树。这样的花园与所在的富人区十分般配。在这个公共假日或宗教节日，男性的装束比女性更加随意。那位睡着的老妇人像是一位年长的陪伴妇女，她本应当密切注视着人群中的年轻女性，但明显不称职。当时，这幅画面让人感觉有伤风化或者粗俗。

8月2日

英国戈登城堡花园

一座果菜花园

面对小别墅的花园景色宜人，展示了植被，包括白色大波斯菊和豌豆。

有围墙的戈登城堡花园，位于苏格兰默里郡福哈伯斯村，是英国最大的带围墙花园之一，占地面积恰好超过3公顷。从20世纪40年代末到80年代末，树莓在这里进行了商业化种植，虽然许多紧贴着围墙的果树都经过了修剪，但每年还要由一位退休的原花园园丁进行整枝。

当前的业主安格斯和扎拉·戈登·伦诺克斯根据花园设计师阿恩·梅纳德于 2011 年制定的一个总体规划，为这座花园带来了新的气象。他的设计方案把这座花园的历史与未来元素整合在一起——几块草地上原有的各种整枝果树和花样繁多的蔬菜、一处儿童游乐场和一座举行活动的圆形剧场。

英国大梅瑟姆庄园

一座激发灵感的花园

今天，激发出《秘密花园》创作灵感的这座花园与这个经典故事中撂荒的旷野大不相同。

这处秘密花园鲜花连连盛开，每天早晨都会发生新的奇迹。

——选自弗朗西斯·霍奇森·伯内特的《秘密花园》(1911)

位于英格兰肯特郡的大梅瑟姆庄园，为弗朗西斯·霍奇森·伯内特带来了灵感，创作了《秘密花园》(参见对页)，不过那是现在这座花园以前的情形。霍奇森·伯内特在1898年租赁了这座别墅，找到一个门进入了一处野草疯长、带围墙的老旧花园。这座花园大约在1910年进行了翻建，整体设计由建筑师爱德温·勒琴斯负责，植被规划则由格特鲁德·吉基尔担纲，原来的花园门被砌上的砖墙堵住。之前，这片野草丛生的荒野曾赋予《秘密花园》作者以创作灵感，而今天的花园颇有一种浪漫的氛围。正如霍奇森·伯内特在这部名著中所描述的，这些花园每天早晨会发生诸多"新奇迹"。

弗朗西斯·霍奇森·伯内特的《秘密花园》（1911）

一座给人以启迪的花园

图示是《秘密花园》第一版中的插图，这部著作于1911年8月出版。

几个世纪来，在不同的文化中，封闭式花园代表着天堂。"与现实世界相隔绝能带来真正的自由"，这种想法深深吸引着广大民众，就像《秘密花园》中的玛丽所感悟的那样。

《秘密花园》富含着象征主义特征：孤儿玛丽注定就是一个"困难"孩子。她出生在印度，突然失去了父母，不幸成了孤儿，被送到一个她茫然无知的国家，与一个从未谋面的鳏居叔叔在约克郡的大庄园里生活。利用留给她的自用物品，玛丽在野草丛生的灌木丛内进行探秘。在这个过程中，她发现了一处带围墙的花园，但有一扇上了锁的大门，她进不去花园。一只知更鸟带着她找到了隐藏的大门钥匙。发现这处秘密花园后，玛丽与清秀的科林和迪肯的关系迅速升温，他俩是这座花园园丁的儿子。

小说将花园比作一种救赎，象征着世间会有诸多回天的法力，这些力量只是存在于一处人工培育的绿色空间内。

英国霍雷肖花园西南方

一座用于康复的花园

霍雷肖花园有许多很宽的小路，用各种建筑材料把路面铺得十分平坦，便于所有病人都能轻松地来到这里。乔木和灌木组成了全年的风景，草本植物则代表着季节的更替轮回。

英格兰威尔特郡索尔兹伯里区医院的花园，其名称取自霍雷肖·查普尔。17岁时，他计划学习医学，因而在学校放假期间到一家治疗脊柱的医院做志愿者。2011年，他了解到，医院急需专门设计、修建一所花园，以使所有患脊柱疾病的病人都能充分、方便地疗养，这类病人通常住院时间较长。令人悲伤的是，他没有看到这座美丽的花园建成。2011年夏，霍雷肖参加了一支北极探险队。2011年8月5日，他在斯匹次卑尔根群岛的营地遭到一头北极熊的袭击，他勇敢地与北极熊搏斗，最后献出了自己宝贵的生命。

克利夫·韦斯特设计了图示的第一座霍雷肖花园。今天，在全英国脊柱治疗机构还有7座类似花园，每座花园由不同的花园设计师团队设计，维护工作则是由多位首席园艺师带领数个志愿者团队负责。

英国的特雷斯科修道院花园

英国的一座亚热带花园

图为特雷斯科修道院花园的中间露台。锡利群岛全年气候温和，惬意怡人。

在英格兰锡利群岛上有一座特雷斯科修道院花园，很难相信该花园距离康沃尔沿岸只有 48 千米。1834 年，奥古斯都·史密斯在圣尼古拉斯修道院的废墟上修建了一所宅邸，并开始为这座宅邸建造一座花园，他称之为特雷斯科修道院花园。这座亚热带花园是在修道院的废墟周围建好的，史密斯在斜坡上修了层峦叠嶂的梯田，梯田上种植了从世界上 80 多个国家收集来的 2 万多种植物。耀眼的外来植物长满了梯田，色彩艳丽，树形与纹理风格迥异，人们漫步在蜿蜒曲折的小路和数不清的宽敞台阶、穿过层层梯田时，这些美景展现得淋漓尽致。1987 年，几场寒流把植被变成了烂泥。1990 年，飓风摧毁了原来防护林带的大部分植物，经历了这些自然灾害后，这座花园不但挺过来了，而且仍然郁郁葱葱、生意盎然。

英国布劳顿田庄
当代带围栏的一座花园

在英国，这处花园是摄影师们最青睐的风景之一，它的风采经常被许多杂志刊载。

英格兰牛津郡的布劳顿田庄建于2001年。回溯到1620年，围绕这座宅邸建造了数座正规花园，园内种植着传统的各式边界绿化带、设计精致的花园和风格各异的玫瑰花圃，两相比较，相差巨大。汤姆·斯图尔特-史密斯受聘设计这个覆盖2.4公顷面积的区域，三面要有围栏。三块阶地上大量多年生的一系列植被顺着斜坡向下扩展，各类色彩随之蔓延至四周乡村，形成了迷人的风景。一个水槽、带垫脚石的几个水池、宽窄不一的水渠和小溪流倒映着明亮和顺滑的质地。很多人认为这是21世纪在英国修建的最好的花园之一。

英国的查尔斯顿花园

萨塞克斯郡的"布鲁姆斯伯里"（英国伦敦的布鲁姆斯伯里，20 世纪初曾为文化艺术中心。——译者注）

雕塑和靓丽的植物充盈着这座被设计成一幅"生动画面"的花园。

英国艺术家瓦内萨·贝尔和他的友人兼同行邓肯·格兰特曾经仔细端详着位于东萨塞克斯郡刘易斯镇福尔村的这座花园，沉思默想。这是他们的乡村家园、创作室及他们的艺术圈子（布鲁姆斯伯里群体）所有成员的聚会地。这所生机勃勃的艺术品花园最初建于 20 世纪 20 年代。贝尔和格兰特后来长期居住在查尔斯顿。现在，为了修复这座花园，有关人员进行了详尽的调查，包括倾听在这里长大的人们的儿时回忆，如安吉莉卡·加内特和昆廷·贝尔的回忆。到了夏天，花园里鲜花的多姿多彩与室内许多手绘的特色物品相互呼应，相得益彰。

225

法国巴黎联合国教科文组织总部的和平花园
一位艺术家设计的一座花园

上图：这座花园里的各式植物都经过精选，以表现日本的自然景观。

对页图：沐浴在夏日灿烂阳光下的考德城堡的花园。

1956年，美籍日本雕塑家野口勇受托设计这座花园，当时他正处于艺术的巅峰。野口将现代主义原则与日本造园传统有机地融为一体。这座花园是日本政府赠送的，是第一座由一位艺术家而不是园艺专家修造的花园。在这个宁静的空间，有一个被称为"长崎天使"的石雕，原来安放在日本长崎市浦上教堂前，现在在一个较小的底座上展示，底座被固定在墙上。1945年8月9日，原子弹坠落在长崎时，这块石头奇迹般地在废墟上存留下来。

英国考德城堡

考德城堡的大乡绅

1606 年，威廉·莎士比亚创作完成了《麦克白》。故事源于 11 世纪真实的考德大乡绅的历史，这段历史由历史学家拉斐尔·霍林斯赫德撰写。《英格兰、苏格兰和爱尔兰编年史》这部书的 1587 版是莎士比亚最喜爱的资料之一。

考德城堡位于苏格兰奈恩镇。作为 14 世纪末期这座城堡最古老的部分，这里不可能是《麦克白》中国王邓肯被谋害的地方，女巫们也不可能把考德大乡绅的头衔许诺给麦克白，预卜他会登上苏格兰王位。

尽管这是一段真实的史实，城堡与花园仍蕴含着一种非常浪漫的氛围。莎士比亚或许有意选择这段往事向"新"英格兰国王詹姆斯一世，即苏格兰国王詹姆斯六世致敬。詹姆斯一世于 1603 年加冕为英格兰国王。

英国东朗姆布鲁克庄园

一座村舍花园

上图：一条铺好的小径穿过几条植物茂密的边界绿化带。

对页上图：1929年，伊迪丝·沃顿在她的花园里。

对页下图：这种带有灵感的植物类型展现出植被可供观赏、可持续成长、维护成本较低的特点。

玛杰丽·菲什在她的暮年建造了这处位于英格兰索默塞特郡的村舍风格的花园。花园建于20世纪50年代，参照了较早的时代特色。菲什十分青睐村舍风格的多年生植物，她秉持过度植被的理念，通过写作，她的这种风格广为人知。"不能留有一丝一毫裸露的土地"是她坚守的信条，有些人说菲什的花园长有大量"杂草"，可她觉得如果这些杂草会对她所追求的整体效果有帮助的话，也未尝不可。因此，菲什对这些闲言一笑了之。她的植物收集范围很广，从耐寒植物天竺葵到较为稀少的草本植物，有些是她从灭绝的物种中抢救下来的。这所花园依旧展现着创建者——一位天赋异禀的业余园艺师的激情。

法国巴黎圣布赖斯的主和派亭阁

一位英雄的花园

在第一次世界大战期间，美国记者及作家伊迪丝·沃顿建立了一个不同战争救济组织之间的网络，包括接纳因这场战争而从比利时逃离的孩子们的多所学校和难民救济站。

沃顿是少数几个被批准赴前线报道的记者兼作家之一。1916年，由于她的出色贡献，沃顿被授予"军团荣誉奖"。"一战"结束后，她迁至这里，建造了这座花园。沃顿于1937年8月在此长眠。

德国巴登－符腾堡州赫尔曼斯霍夫花园

一座可持续的花园

20世纪70年代末，这里成为全欧洲最具试验性的花园之一。有关方面作出决定，要遵循植物社会学家理查德·汉森提出的植被设计的一系列新原则。他利用一种生态学方法研究了生长在当地栖息地的大量多年生植物，基于此方面的成果，他创造出了这些原则。

美国加利福尼亚州赫斯特城堡

海神游泳池

1924 ～ 1936 年，赫斯特在此处共建了 3 座游泳池，一座比一座大。

赫斯特城堡坐落在圣卢西亚山的山顶。海神游泳池是最有特色的景观之一，这些特色景观是威廉·伦道夫·赫斯特与他的建筑师兼花园设计师朱莉娅·摩根共同建造的。

这座游泳池装满水时，总量超过了 100 万公升，深度从 1 米到 3 米。赫斯特养了多条达克斯猎狗，过去经常在这里与他最喜欢的一条狗游泳。他甚至专门设置了一个小梯子，以防小狗失足跌落泳池。

赫斯特生前以在这里举办奢华聚会而闻名，他的来宾包括查理·卓别林、温斯顿·丘吉尔、葛丽泰·嘉宝和乔治·萧伯纳。现在，客人们可以在这座泳池预约开展游泳比赛等活动。

赫斯特于 1951 年的今天寿终。

美国加利福尼亚州亨廷顿植物园及其沙漠植物园

一座旱地花园

亨廷顿沙漠花园的一座疑为仙境的景观。

当铁路巨头亨利·亨廷顿于 1903 年买下这处场地时，这里还是一个正在使用的大牧场。他的园艺主管威廉·赫特里希博士说服他培育多种精品植物，这些植物形成了今天亨廷顿植物园的主打品种。

亨廷顿植物园中的这座沙漠花园有 2000 个物种，展示了适应干旱环境并茁壮成长的丰富植物。著名的品种包括矮壮的金琥，通过撒种种植，到现在它们已经超过 100 年，还有高高的观峰玉，取的这个通俗名字就会使人想起与刘易斯·卡罗尔在《猎蛇鲨记》中的梦幻创造有几分相似。

美国的恩赐之地宅邸

摇滚乐之王花园

1957年，埃尔维斯在他定做的"音乐大门"前摆姿势。据说，这些音符出自音乐单曲《监狱摇滚》。

很少有花园主人会邀请人们在他们的花园墙上写写画画，但是埃尔维斯·普雷斯利（美国著名摇滚乐男歌手猫王。——编辑注）并不在意歌迷们在"爱之墙"上签上自己的名字并留言。22岁时，他迁至美国田纳西州孟菲斯市的恩赐之地宅邸，一个月后就安装了著名的"音乐大门"，成为一个名副其实的摇滚乐大门。想象一下曾经在这里拍照的数量吧。

盛名之下他遁入空门，做了隐士。但埃尔维斯每次离开大宅时都会看一眼这座前花园。这位摇滚乐之王英年早逝，于1977年的今天离开了人间。

美国死亡之谷的旅馆

一座沙漠绿洲花园

这个绿洲有一个游泳池，游泳池的水源来自泉水；一座"市镇广场"，广场里生长着婀娜多姿的棕榈树；绿洲还有一条高尔夫球道。

加利福尼亚州的死亡之谷在众多美国国家公园中是最炎热、最干旱和地势最低的。这些花园原来是由景观建筑师丹尼尔·赫尔在20世纪20年代设计的，以使西班牙传教风格的多座旅馆建筑物与周围地区融合为一体。这座旅馆最初是为铁路工人建造的，以前被戏称为"克里克人火炉旅馆"，自1930年起，它就成为游客游览这个特色地区的歇脚之地。

此地靠近泉水，可以为旅馆游泳池供水，也使建造公园成为可能，还拥有独特的景观。利用这些优势，死亡之谷就被建成北美唯一一座真正的沙漠绿洲。这里的春季降雨稀少，野花成片成片地生长，像地毯一样铺在广袤的大地，成为死亡之谷美丽的自然景观。

印度新德里的总统官邸

总统的宫殿花园

多条水道把这座花园分成若干个网格方块，每个交叉口都有数个莲花状喷泉。

这里以前曾经是总督官邸，现在是印度总统官邸，这座建筑建于1913年至1930年。尽管这座宫殿拥有数百个房间，其建筑师爱德温·勒琴斯设计的初衷是：希望这座建筑既要成为一个城市中心地标，又应当是一座带有一所花园的宅邸。正规的几何图形和对称性更加凸显了他的设计思想，与他设计的所有花园如出一辙。

在此地，规模与建筑和莫卧儿花园设计规则实现了完美的契合，也就是空间被一分为四，即查哈古尔式花园。

波莫娜·斯普劳特的花园

一位霍格沃茨园艺学家的温室

在波莫娜·斯普劳特与他的学生（哈利、罗恩和赫敏）与一棵曼德拉草的合影中，曼德拉草是一种有知觉的植物，被拔出时，它会尖叫。

在霍格沃茨魔法学校，波摩娜·斯普劳特教授负责教授药草学课程。她的温室长满植物，既有外观普通的，也有异国风格的——一些植物能说话，一些会跳舞，还有一些植物极其危险。斯普劳特毕业于霍格沃茨魔法学校，然后回到自己的母校教学。她的名字（Pomona Sprout）甚至都与植物有关："Pomona"在拉丁语中是"苹果"之意，种子发芽后开始抽枝；"Sprout"是在冬季是不招人待见的蔬菜的缩写，据说这种蔬菜起源于比利时。

8月20日

英国斯托景观花园

世外桃源

图中近景是詹姆斯·吉布斯的帕拉第奥式的桥，以及桥上这座劳而无功的塔，远处有哥特式坦普尔家族宅邸。

为了修建英格兰白金汉郡的这座风景优美的花园，坦普尔家族的几代人聘请了多位顶尖的建筑师、设计师和园艺师，包括执业早期的兰斯洛特·"非凡能力"·布朗。原来的斯托村在 17 世纪和 18 世纪被腾退，为建造这座花园留出空间，即世外桃源（Elysian Fields）。其中 Elysian 源于 Elysium，"Elysium" 在希腊神话中是 "一处来世天堂" 的意思。

蜿蜒的几条花园小径展现了完美的景色，显示出几个世纪前规划小径的设计师们的高超技艺。这里有许多具有历史意义的花园建筑，比英格兰其他任何花园的建筑都要多。在这里，人们既可以 "读出" 经典的隐含意义和政治考量，也可以只是简单地欣赏这瑰丽的景色。

英国加登斯敦的花园

位于西顿的花园

由于要面对惊涛骇浪的袭击，这处花园只能简单地种些植物。

令人迷惑不解的是，加登斯敦是苏格兰阿伯丁郡默里峡湾的一个渔村，是领主亚历山大·加登在1721年起的名字。原来的村子建在切进山腰的一层层阶地上，包括下山中途的部分主街道，以及最下端西顿的几栋家院。西顿与海水之间的这条道路很狭窄，是在20世纪40年代修建的。在这之前，来往交通是通过走上山和下山的几条小路才能实现的。路途中会经过一些小花园，包括本节介绍的这一处，是最近修造的。此处植被虽然很简朴稀疏，却是欣赏壮美日落的理想之地，也是偶尔意外发现海豚的好地方。

《德利厄斯在格雷兹－苏尔－卢安自己的花园里》

鲜花丛中的一位作曲家

20世纪初期，耶尔卡·罗森绘画的《德利厄斯在格雷兹－苏尔－卢安自己的花园里》。画中，这座花园既大又漂亮，向下顺着斜坡就到了卢安河岸。

德国艺术家耶尔卡·罗森是作曲家弗雷德里克·德利厄斯的妻子。从1897年到德利厄斯于1934年去世，他们一直住法国中北部的格雷兹－苏尔－卢安。他们的花园既赋予罗森的绘画灵感，又给了丈夫音乐作曲创作以启迪，尤其是其管弦乐作品《在一座夏日花园》（1908）。

珀西·格兰杰（参见第20页）是一位友人，建议德利厄斯为管弦乐队创作更短的音乐作品，德利厄斯听从了这个建议，之后他在大自然中产生灵感，《春天听到第一声布谷叫》和《河上的夏夜》紧接着就问世了。

美国首都华盛顿特区的敦巴顿橡树园

一座可举行会议的花园

敦巴顿橡树园研究图书馆和收藏馆，对拜占庭研究、前哥伦比亚研究……以及花园设计提供帮扶。

美国景观建筑师比阿特丽克斯·法兰德在图中这座花园工作了近30年，花园的主人是米尔德里德·伍兹·布利斯和罗伯特·伍兹·布利斯。法兰德是美国第一批在景观建筑行业拥有资质的女性之一。她继承、发扬了其导师波士顿阿诺德植物园园长查尔斯·斯普瑞格·萨金特的设计思想，即"设计要因地制宜，而不要削足适履"。

敦巴顿橡树园是法兰德作品的一个绝佳范例。她的设计把原来一处坡地上的一座农场变身为一座优雅的花园，这座花园与周围的景观自然而然地融为了一体。1940年，它成为哈佛大学的一座研究院、图书馆和花园。4年后的8月21日至10月7日，来自中国、苏联、美国和英国的代表在敦巴顿橡树园举行了一次重要会议，通过了成立一个世界性组织的提议，这就是成立联合国的基础性纲领。

意大利庞贝城的金手镯之家

一幅罗马花园湿壁画

这幅湿壁画覆盖了一间开敞式平面布置的起居室的墙壁。壁画面对着一座真实的花园，所以使人产生错觉，感到花园的空间更大。

据说维苏威火山在公元 79 年的今天曾爆发。多个世纪以来，这堵绘画墙就被掩埋在火山废墟的下面。一直过了 1900 年到了 20 世纪初，像这幅画之类的无数美丽湿壁画最终被发掘出来，因此我们对于罗马花园外观形象的了解才有所深入。

金手镯之家表现了罗马人对花园绿色植物、千姿百态的水景、美丽的各式装饰品、各具特色的雕像、艳丽的鲜花和众多鸟类的喜爱，鸟类包括了家燕、原鸽、喜鹊、麻雀和金莺。这所花园是一处休闲之地，家宅的拥有者可以享受花园所带来的欣愉。

这次火山喷发摧毁了一座精致的城市，导致大批市民失去了生命，不过最终还是保存了他们生活的一段珍贵记录。

墨西哥希利特拉自治市的拉斯波萨斯

丛林中的超现实主义

这个结构称作"竹子宫殿"或"希望之塔"。它使游客感到像是行走在一种古代文明的废墟上。

拉斯波萨斯是 20 世纪诗人爱德华·詹姆斯的独创。他是一位坚定的超现实主义者，喜爱随机和瞬变，梦想和下意识成为他创造力的灵感来源。在图中的热带雨林地区，这些神秘的精心打造的诸多建筑、高低不一的支柱、几座多层亭台，以及通向某处或无处可去的台阶都是在陆地上先建好，再架到墨西哥亚热带雨林的上空，这片雨林是詹姆斯于 1944 年购买的。

他的朋友兼管理人普卢塔科·加斯特卢姆很长时间没有经营管理这个项目，之后他带领几个团队，实现詹姆斯的梦想。如今，几座天然瀑布和蚕食性的植被侵蚀着这些混凝土结构。最终，这座花园将会湮没于丛林，永远回到大自然的怀抱。

241

英国奥斯本宅邸的瑞士村舍

一座供孩子们玩耍的私密花园

上图：每一位王室孩子都有一块地，他们可以在苗圃里种植和照管植物。

对页上图：古斯塔夫·卡耶博特绘制画布油画《大丽花，在小詹纳威勒斯里的花园》。

对页下图：威廉·鲍威尔·弗里思绘制画布油画《美丽的弓箭手》。

维多利亚女王深深挚爱的夫婿阿尔贝特亲王生于1819年的今天，他让人在英格兰怀特岛建造了这座瑞士村舍，这样王室的孩子们能够体验一般成年人的家务事或园艺工作。每一位孩子都分有一小块地，可以用比例缩小版的各种园艺工具和各自刻有花押字的独轮手推车来管护。在苗圃，混杂种植着一些食用植物和各色花卉。首席园艺师负责评估产出的农产品，如果满足他的要求，阿尔贝特亲王就会以市场价付钱给种植这些作物的孩子。

瑞士村舍远离这处主宅邸，的确是一个私密世界。

《大丽花，在小詹纳威勒斯里的花园》（画布油画，1893）

一座印象派花园

法国艺术家古斯塔夫·卡耶博特是一位技艺娴熟的园艺师，就像其密友克劳德·莫奈一样。作为一位杰出的印象派画家，他用一种比许多同行更具现实主义的风格进行创作。卡耶博特经常画自家花园的所有细节。在他的这幅获奖的画中，大丽花被放在中心位置，透视效果强化了色彩偏暗的这处温室相对于这位严肃园艺师的重要性。

《美丽的弓箭手》（画布油画，1872）

一座运动型花园

19世纪重新唤起了人们对箭术的兴趣，修剪好的花园草坪十分适合人们练习这项体育运动。这幅画展示了箭术这项女性可参加的花园活动终将会被社会所接受。她们没有穿着专门的训练服饰，也没背箭袋，箭由其他女伴手持或捡拾。

英国埃尔瑟姆宫

眼花缭乱的花园聚会

这所花园将众多历史元素，如一条护城河，与 20 世纪 30 年代的设计融合在一起。

数个世纪以来，英格兰伦敦的埃尔瑟姆宫的里里外外都是娱乐的好去处。一座与历史上皇室有关联的中世纪豪华宫殿，一直保留到了 20 世纪 30 年代，后来斯蒂芬·考陶尔德和弗吉尼亚·考陶尔德买下了此地，他们将宫殿装饰为一座艺术别墅，彻底改变了原来的风格。

他们修建的几座花园是新旧两种风格的统一混合体，包括抢修成功的一组由 18 世纪柱廊组成的一条藤架和一处通过架在这座壕沟上的桥，该桥可到达的下沉玫瑰花园。20 世纪 30 年代，这座花园经常举办各式各样的奢华聚会，有时现场奏乐和燃放的焰火会持续到凌晨时分，招致周围邻居们的抱怨和不满。

美国唐奈花园

以人为本的花园（和水池）

对幸福和安康的追求是修建这座花园的主旨。

图中的游泳池位于加利福尼亚州索诺玛镇唐奈花园，建设始于1947年，是这座景观花园杰作的核心，花园是美国景观建筑师托马斯·丘奇设计的。丘奇受到现代主义艺术家群体和雕塑家群体，尤其是芬兰设计师阿尔瓦尔·阿尔托（参见第282页）作品的影响。它标志着现代景观设计与传统分道扬镳，他的理念基于关于空间的新思维的规范核心内容，这种新思想的核心回应了人们对现代生活的需求。

丘奇会根据场地的具体特点、住宅的建筑风格、客户的不同偏好、千奇百怪的性格和他们在生活中的多种实用要求进行综合考量，然后开始设计，他在自己颇具影响力的著作《花园应以人为本》（参见第262页）中对此做了阐述。对丘奇而言，花园的确是用来为人服务的——人们每天都要享用花园所在的空间，不像其他场所，需要花大把时间来维护保养。

丘奇于1978年的今天离世。

花园草坪

除去杂草

机械式除草机的发明解放了大量人工，使除草变成了一项较简单的工作，工作量大幅减轻。这种除草机也使得在花园草坪上开展各种新型运动项目成为现实：先是槌球方兴未艾，之后是草地网球的广泛普及。

英国发明家爱德温·比尔德·巴丁发明了世界上第一台除草机。他在格洛斯特郡斯特劳德附近的一家纺织厂看到一种旋转式切削机削去优质毛织布料的细茸毛，因此产生了发明除草机的灵感。他与合作伙伴约翰·菲拉比制作了 48 厘米的锻造成形铁框卷轴式除草机，于 1830 年的今天被授予一项英国专利。

在此之前，草坪是靠人工用长柄大镰刀的方式除草，在一些大型景观花园，人们会赶上一群羊到草坪吃草，达到修剪草坪的目的。第一批除草机中的一台在伦敦摄政公园里的植物园开始使用，一台机器能替代 6 ~ 8 个用大镰刀和扫帚的工人。1846 年巴丁去世后，其他人接手了除草机的研发，包括美国康涅狄格州的阿马赖亚·希尔斯。蒸汽动力的除草机直到 1893 年才由英国兰开夏郡的詹姆斯·萨姆纳发明出来，他因此而获得了专利。

《石竹、百合与玫瑰》（1885 ~ 1886）
一抹晚霞

约翰·辛格·萨金特创造了画布油画《石竹、百合与玫瑰》（1885 ~ 1886）。

画中的这座花园坐落在英国百老汇的科茨沃德村，这里是众多艺术家、插图画家和手工艺人等自我组织，在 19 世纪 80 年代建立的一座世外桃源。艺术家约翰·辛格·萨金特已迁至百老汇，画中的两个女孩是其美国插图画家同行弗兰克·巴纳德的女儿。这幅画的主题不同寻常，是一首通俗歌曲中的一行歌词，也点明了画中正在盛开的朵朵鲜花。萨金特每年只在 8 月底到 9 月初用数个星期的时间进行创作，在此期间，每天当天光变暗，必须同时点亮多个中式灯笼时，萨金特才开始作画，因此持续了两年多才完成这幅作品。

247

美国加利福尼亚州的露丝·班克罗夫特花园

色彩斑斓的旱地花园

这幅照片是露丝·班克罗夫特快走到生命的尽头时拍摄的。画面中，她坐在巨大的龙舌兰旁。她于2017年11月26日去世，享寿109岁高龄。

露丝·班克罗夫特于1908年9月2日出生于美国波士顿，她热爱园艺，酷爱收集植物。她在美国加州核桃溪市建了一处精美花园，栽培了大量鸢尾花，20世纪50年代末，她又迷上了肉质植物。她在每个可用空间都用各式花盆栽种了这些植物。之后，肉质植物大军中又增加了不同种类的仙人掌。

在20世纪70年代初，班克罗夫特决定修建一座新花园，专门种植那些天然适应加州北部气候的植物。加州北部的气候特点是夏季炎热干燥，冬季温和，降雨量在500毫米左右。她在生态理念上比较超前，力倡节约用水，直到晚年她在园艺事业上仍然精益求精。她的花园在创立花园保护委员会时起到了重要作用，这个机构的使命就是保护美国众多重要的私人花园，促进这些花园对公众开放，用于休闲和成为教育资源。

英国南约克郡的詹姆斯·希契莫花园
一座展现植物盛衰的花园

此处温室场景和小径通向主宅。詹姆斯·希契莫花园的令人称美之处在于数月内都有五颜六色的鲜花连续盛开。

詹姆斯·希契莫在进行全球植物考察时，主要观察和研究各类植物在其本土栖息地的生长情况，依据这些结果，他形成了自己的种植理念。他以大规模种植而驰名天下，最引人注目的项目是伦敦奥林匹克公园，这是他与在谢菲尔德大学的同事奈杰尔·邓尼特和花园设计师莎拉·普赖斯合作设计完成的。

希契莫在英格兰南约克郡谢菲尔德市的自家花园辟出了一块小天地，验证自己的理念如何变为现实。其中的植物包括许多南非物种，而且专门研究了植物在全年的盛衰轮回，因此这里总是郁郁葱葱的，即使是在南约克郡冰冷的气候环境也是如此。

英国沸腾巷公园

塞缪尔·佩皮斯的花园

上图：卡琳·琼森
在 1983 年创作了
这座半身塑像。

对页图：从空中俯
瞰是展现这座城堡
花园雄伟壮观景色
的最佳角度。

英国作家塞缪尔·佩皮斯在位于伦敦城沸腾巷的海军办公室生活和工作，他的著名日记的大部分都是在那里写成的。1966 年 9 月 4 日，当伦敦大火肆虐之时，佩皮斯在他的花园里掩埋了"巴马干酪"、葡萄酒和其他未言明的物品。他的邻居们也同样掩埋了自己认为贵重的物品。

佩皮斯的一座半身像占据近期刚翻新的这座花园的中心位置。铺路石上镌刻着他一生中的诸多重大事件——包括掩埋他的干酪和葡萄酒。

法国曼西的子爵城堡

凡尔赛的先行者

1650年，法国国王路易十四的财政大臣尼古拉斯·富凯委托年轻的安德烈·勒诺特雷为他的新豪宅设计与之般配的花园。这座带护城河的建筑似乎飘浮在3千米长的中心轴线上。

勒诺特雷利用精湛的设计技术和透视效果掩盖了远处水平线的变化。多座水池似乎外形相似，整齐划一，靠近宅邸处的更窄些。精心种植的如绣花般的花坛——花木呈曲线图案的花坛，展现了对设计师园艺的完美驾驭，代表着这个时期法国众多花园的一个特征。

路易十四看到这座花园后，也委托勒诺特雷设计凡尔赛宫的众多花园，因此勒诺特雷继他父亲之后成了皇家园艺师。富凯后来由于贪污罪而被定罪。

251

9月6日

中国河北省的避暑山庄

一座避暑花园

游客荡舟湖中，欣赏美景。这些湖泊用于泛舟游玩已经有几百年的历史了。

中国河北省承德市的避暑山庄，曾被选作皇家在夏日享受清凉之处。山庄围墙长达 10 千米，把这座巨大公园围了起来，许多建筑都依山依水而建，草木丛生的山坡也得以充分利用。山庄始建于清康熙四十二年（1703 年），后续的几代皇帝不断增建大量景观，这些景观复制了全中国各地的部分风景，包括北京的景山公园和苏州的沧浪亭。

山庄是一座规模宏大的景观花园，融合了大小湖泊、不同的花园和风格各异的建筑，从亭台楼阁到华丽的寺庙。许多游客选择乘坐电动公共汽车环游这处巨大的国有园林。1994 年，避暑山庄及周围庙宇入选联合国教科文组织"世界遗产名录"。

英国的娱乐花园节（1951）

百年庆典

1951 年《英 国 娱
乐花园节指南》的
封面。

1951 年，英国的娱乐花园节高举"娱乐大旗"，在巴特西公园举办了 6
个月的活动。举行这个节日的目的是纪念伦敦万国博览会 100 周年，
也是推动第二次世界大战后的复苏。这里有了一座游乐场、一条彼得·潘铁路，
以及一座顶上有菠萝灯的喷泉塔，喷泉塔在格兰德·维斯塔酒店旁，此外还有
草坪及数座花园，每个人在其中都自得其乐。这个大项目团队包括约翰·派
珀、奥斯伯特·兰开斯特和罗素·佩奇，他们设计了这处景观和多个花园。

娱乐节延续了在沃克斯豪尔（参见第 300 页）和拉内拉赫花园（参见第
311 页）的早期娱乐性的传统，然而在同一个时代，这种娱乐花园属于超前
理念。

253

9月8日

英国巴尔莫勒尔城堡花园

一座英国皇家的苏格兰风格花园

这幅巴尔莫勒尔城堡及花园的照片摄于 1893 年。

巴尔莫勒尔城堡是一座英国皇室在苏格兰阿伯丁郡的私有宅邸，是伊丽莎白女王二世晚年钟爱的一处场所。阿尔贝特亲王在 1852 年主持修建了这座城堡，对维多利亚女王而言，这里就是一处世外桃源。他们开始围绕这座城堡修建花园，后来的每一位国王都加建了他们的附属建筑。宅邸附近的草本边际绿化带的植物在 8 ~ 10 月最为葱茏翠绿，传统上在此期间，英国皇室成员在此居住。花园的其他部分与周边高地的壮丽景色有机地融为一体。

254

《重回我的花园》（1887）

光影下的一座花园

爱德华·阿特金森·霍内尔创作了画布油画《重回我的花园》（1887）

苏格兰艺术家爱德华·阿特金森·霍内尔酷爱园艺。他与称为"格拉斯哥男孩"的艺术家圈子关系密切，这个圈子的艺术家们喜好在众多当代场景中捕捉光线的自然主义效果，包括特定景观的突出特征。大胆的笔触使花园土壤看起来很新鲜，通常在9月采摘的羽衣甘蓝在这幅早期作品中看起来如同准备收获一样。明亮的斑斑点点和一座木制拱顶展示了一座既美丽又丰产的花园。完成这幅画后，霍内尔去日本旅行，这次日本之行对他的创作以及他后来在科布德布莱特的布劳顿别墅自家花园的修建产生了影响。

255

英国伦敦塔桥的漂浮花园

驳船花园广场

图示为部分漂浮驳船，共有30艘这样的船，有70人生活在船上。

英国伦敦唯一的漂浮花园群组是由尼克·莱西建筑师事务所设计的。历史上曾经数量众多的扎堆驳船在20世纪90年代开始变为一艘单一的船只。它们将绿色带到河畔，增加了栖息地的种类，为更多的野生动物提供了大量栖息场所。驳船植被包括温柏树、薰衣草及其他草本植物。黄杨树篱的加入显得更加规整，让人倍感惊奇。

几艘花园驳船是停船处基础设施的一部分，通过金属窗楣连在一起，这是为让驳船群能随波逐流而特地设计的。这些花园下方是生活和工作室空间，在此生活、工作的人们可抬头通过天窗尽览满眼翠绿。

美国纽约市 "9·11" 国家纪念馆

"9·11" 纪念花园

这座花园既是纪念 "9·11" 事件，也是沉思人类遭受重大损失的一处场所。

这两座大坑池诉说着美国双子座大楼被撞而倒塌的悲剧，同时纪念在五角大楼和世界贸易中心于 2001 年 9 月 11 日，以及世界贸易中心于 1993 年 2 月 26 日三次遭袭中的遇难者，五角大楼位于宾夕法尼亚州的尚克斯维尔。迈克尔·阿拉德关于两个中央大池的理念被称为 "对逝去人们的追思"。景观建筑师彼得·沃克为这座象征性景观设计了总方案，这个景观连接阿拉德的大坑池。纪念馆的一个小树林内种植着数百棵悬铃树叶栎，林间空地是一处聚会场地，在这里宣读 "9·11" 事件的几次遭袭事件中所有遇难者的名字。遇难者的姓名镌刻在环绕每个坑池的青铜匾额上，大坑池的四面水墙不断地流入一个更深处的中央小池。

257

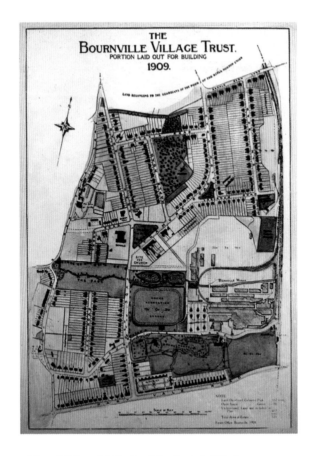

英国伯明翰市的布恩维尔

巧克力盒子状花园

1879 年，乔治·凯德伯里和理查德·凯德伯里把他们的巧克力和可可工厂从英国伯明翰市迁至当时的郊区，取名为布恩维尔。这里被誉为"一座花园里的工厂"，他们购入了更多土地，规划了一个模范村庄，这个村庄起初是为骨干工人建设的，全是精心修建的住宅，每家都有一座大花园。

凯德伯里制定了若干规则，规定每个花园应栽种至少 6 棵果树，其指导思想是鼓励工人们种植属于自己的水果和蔬菜。开始时，村庄设立了一个村议会和多个居民协会，其规模后来逐渐扩大。布恩维尔村信托基金如今仍然在运行。

258

英国白金汉郡大米森登村的罗阿尔德·达尔博物馆与小说中心

友好大花园

图为在吉卜赛式住宅的花园原址上的写作小屋的外观，该写作小屋位于白金汉郡大米森登村。

出生在英国加的夫的罗尔德·达尔发现在忙忙碌碌的家里，很难集中精力写作。这时，他的同行爱尔兰作家迪伦·托马斯（参见第 178 页）提出的一个解决方案启发了他。达尔的黄门砖墙样式的大小和屋顶与属于这位诗人的小屋里的那些东西非常相配，但小屋的窗户既少又小，达尔有时会拉上窗帘打开灯，坐在一把扶手椅上写作，桌子上还摆着一些物件，能带给他灵感。

达尔出生于 1916 年的今天，在这里写出了许多著名小说，包括《玛蒂尔达》《查理与巧克力工厂》。据说他吓唬他的孩子们说小屋里有狼，以防止他们干扰他写作。2011 年，这座小屋里的东西从他吉卜赛式住宅的这座花园搬到了附近的博物馆。

9月14日

《一座花园里的两位女性》（1933）

花园友情

埃里克·勒维利厄斯是英国最受欢迎的艺术家之一，这幅画是其早期作品。画中的花园位于埃塞克斯郡大巴德菲尔德，是其同行爱德华·鲍登的住宅花园，勒维利厄斯和妻子特萨曾在此小住。画中，特萨正在剥豌豆，而鲍登的妻子夏洛特则坐在一把帆布躺椅上读书。勒维利厄斯很少在他的画中表现家庭和友情的主题。

9月15日

英国托基镇的强药效植物园

一座花园里的谋杀之谜

英国托雷大教堂博物馆的强药效植物园位于英格兰托基镇，因作家阿加莎·克里斯蒂（参见第 278 页）而闻名，她是这个镇上最知名的居民。克里斯蒂参加过第一次世界大战，其间接受过药剂学培训，在她写的几部书中运用了在战争中所掌握的这些知识。她知道哪些植物能致命，哪些植物具有毒性，但如果使用剂量适当，则具有药用价值，这些都是她的小说中一众反面角色使用的伎俩。这座花园展现了这些美丽的植物。

墨西哥萨奇米丘的水上花园

阿兹特克运河花园

上图：在萨奇米丘湖上的多座水上花园，促成了多条人工运河的形成。

对页上图：埃里克·勒维利厄斯创作了水彩画《一座花园里的两位女性》（1933）。

对页下图：这座花园里的每一株植物在阿加莎的一篇小说中都有着墨，或者与这位描写犯罪的女王有另外的联系。

为了装饰首都特诺奇蒂特兰，阿兹特克人修建了多座水上花园，在上面种植作物。此地坐落在一座岛上，这座岛位于一处深湖（萨奇米丘湖）中。西班牙人看到这些不断扩大的花园形成了巨大规模时，感到无比震惊。当地人通过浮园耕作法创造的多个生态系统，逐渐促成了一个运河网络。在靠近今天的墨西哥城的地方，花卉与蔬菜的种植应保持一定的比例，这个规则人们至今仍在遵循着。现在，这里是一个旅游胜地，艳丽的鲜花与花花绿绿、大大小小的平底船相映成趣，增添了节日般的喜庆气氛。

1810年的今天，墨西哥脱离西班牙的统治，实现了独立。

261

托马斯·丘奇的《花园应以人为本》(1955)
花园哲学

图为《花园应以人为本》(1955)第一版的封面。

美国景观建筑师托马斯·丘奇坚信花园须为我所用，客户对他们的花园有各种期盼与要求，设计师设计出的花园应满足所有可能生活在其中的人们的生活需求。他在著作《花园应以人为本》中将花园视为一种延伸的室外居住空间，他不仅仅从园艺角度进行考虑，而且将花园设计与现代生活联系起来。丘奇利用一种诙谐、对话式的形式，展示了一系列不同规格地块的花园设计案例。他对地貌和规模不同维度的建议成了被普遍接受的规范，从不会过时。他的理论对其他众多景观建筑师和花园设计师产生了非常巨大的影响。花园是为人服务的……尽情享受吧！

英国皇家园林管理官的宅邸

布里奇顿家族的前花园

此处展示的英国皇家园林管理官的宅邸没有人工栽植的紫藤，紫藤是后来在拍摄电视剧时加种的。

　　美国电视连续剧《布里奇顿》的影迷们会认出剧中的这幢房子及其前花园是布里奇顿家族在英国伦敦的宅邸。但是在现实中，这是皇家园林管理官的宅邸，坐落在格林尼治公园的尽头，而不是剧中人为设计的在梅费尔的中心位置。

　　随着《布里奇顿》剧情的展开，观众逐渐了解到这幢乔治三世王朝风格的大宅是奥古斯塔的房产，她是不伦瑞克的女公爵、乔治三世的姐姐。1898年，这座建筑就不再是一座私人住宅。几年后，伦敦郡议会成为新的房主，这所住宅的庭院变成了一座草地保龄球场和数个网球场。现在这是一处英国历史传承遗产，前花园风格古典、简约，珍奇的沃纳艺术品及珠宝在室内展出。

英国赞德拉·罗兹花园

一座色彩斑斓的城市花园

这位著名设计师的头发与她的花园墙壁和家具的墨西哥玫瑰红相得益彰，颜色的搭配实在是令人叫绝。罗兹生于1940年的今天。

英格兰伦敦的这座城市屋顶花园的各种颜色的墙壁反映了它的主人赞德拉·罗兹对色彩的酷爱。不过这些明亮的色差实际上是由墨西哥建筑师里卡多·勒格雷塔在设计罗兹的时尚与纺织品博物馆时选定的，2003年，罗兹成立了这座博物馆。这里的粉红色被称为"墨西哥玫瑰红"，在墨西哥人生活的方方面面屡见不鲜，与蓝色和橙色的明暗度形成鲜明的对比，但这些色彩在不太明亮的伦敦阳光下密度会有所变化。植物种植在一些花坛里，在夏日里的几个月，室内大大小小的花坛植物被移到室外，长得青翠茂密。这所花园表现了自然、色彩和时尚之间的关系。

美国联邦储备银行总部的公共花园

新型美国式花园

观赏性草地和一座活力十足的喷泉是美国联邦储备银行总部的这座花园的点睛之笔。

景观建筑师沃尔夫冈·厄梅和詹姆斯·冯·斯韦登在对这座位于美国联邦储备银行总部的公共花园进行翻建时，实现了一次重大突破，花园坐落在美国首都华盛顿中心区联邦储备银行地下停车场的顶层之上。初期栽种的乔木和灌木遭遇严冬的恶劣气候，几乎凋亡殆尽。

厄梅和冯·斯韦登在 1977 年的设计使美国大平原和草原局深受启发。大胆地把草本植物聚集成团的方法与一块块的观赏性草坪在遮篷座椅周围融为一体，从而创造了这第一座新美国式花园。在公共花园和私人花园的设计和植被方面，这是一个完全创新的思路。

2013 年的今天，詹姆斯·冯·斯韦登离世。

265

英国的阿博茨福德庄园

沃尔特·司各特的花园

1832 年 的 今 天，司各特去世。他离世后仅仅 5 个月后，阿博茨福德庄园就对公众开放。

沃尔特·司各特因《劫后英雄传》（1819）和《湖上夫人》（1810）等名著成了名扬天下的畅销书作家，图中这处农庄是他的住处。当时他拥有足够的财富，希望建一处理想住宅，借助才华横溢的建筑师威廉·阿特金森的超凡智慧，他的愿望在苏格兰梅尔罗斯镇成真了。新建的阿博茨福德庄园为苏格兰角塔式风格树立了新风尚，与英国当时建筑的对称性风格形成了鲜明对比。

在修建住宅过程中，司各特依据多位建筑师和友人们的建议，建造了 3 座花园。这些花园的布局将这座建筑与自然景观融为一体。南庭院的柱廊墙提醒人们这里曾是一座修道院，建筑上还有大量细微之处，暗示着历史上发生的若干重大事件。在司各特所处时代，这种莫里斯式花园是筑有高墙的下沉式花园。如今，石头台阶仍会把人们引领到一处怡人的景观。这座带有围墙的果莱花园就是最大的空间，其中有司各特设计的一处温室。

希腊帕特里克·莱斯·弗莫尔花园

一座地中海风格的花园

帕特里克和妻子琼·莱斯·弗莫尔在位于卡达米利镇的家中。

20世纪60年代，英国游记作家帕特里克·莱斯·弗莫尔发现了希腊的马尼半岛（伯罗奔尼撒南部的半岛。——编辑注）。他和妻子琼决定在半岛的卡达米利镇安家，他在这里写的部分游记出版成书后，他闻名天下。由于承继了大量的神话传说，因此这个地区弥漫着一种孤立隔世的氛围。在住宅建造期间，这对夫妇住到了附近的村子里。这里交通不便，任何物品都要用骡子运到建筑现场，当地村民们送给了他们一些石灰岩。花园的几座平台成为真正的室外空间，在这里可以尽览大海永恒的美景。一些地方被数根石头柱廊或木质横梁遮挡，形成阴凉处；鹅卵石被镶嵌成各式图案，铺在路上和矮墙上。20世纪70年代之前，莱斯·弗莫尔和妻子邀请了大量艺术家和知识分子前来这处位于地中海之上的美丽景观。

英国多塞特郡的诺尔花园及苗圃
一座野生生物的安全港

秋天，诺尔花园的
草地色彩绚丽，美
不胜收。

这座位于英格兰多塞特郡温伯恩镇的花园好像比实际规模还要大，使人感到亲切。园中几条小路环绕着多个各异的不规则植被区，已长成的乔木、灌木和一座水花园遮挡着这处空间。自 1994 年开始，尼尔·卢卡斯及其团队把这处私人植物园——诺尔花园（又称为温伯恩植物园）改为一处自然花园，也成了一处野生生物的安全港。卢卡斯是一位设计观赏性草地的专家，也是《利用草地开展设计》一书的作者。这座花园最大限度地展示了适应所有基础环境的物种多样化的全部效果，以及它们如何与适当的多年生植物融为一体的——一个对其苗圃的完美补充展示。

加拿大温哥华岛的布查特花园

一座采石场花园

这座凹陷花园的植被非常茂密，它的围挡被草地和苔藓所覆盖，但我们仍然能看到原来采石场的模样。

很难相信这座植物丰茂的花园是在一处石灰岩采石场的基础上建立的，其中一处还是北美最受游客欢迎的花园之一。这处采石场的原材料枯竭，不敷布查特家族水泥生意之需而废弃。1912 年，詹妮·布查特从外面运来大量表层土，开始修复这处废弃场地。她在被破坏的地块修建了许多花园区，想方设法在采石场的岩石表面进行绿化，也就是现在的凹陷花园。詹妮不断扩大这些花园的规模，经常邀请客人们来访。许多地面苗圃种满了一丛丛多姿多彩的植物，必须花费工夫进行维护，一季要更换几次植物。这座花园仍然是由家族运作管理，2004 年列入加拿大国家历史遗迹。游客在这里会沉浸在繁枝茂叶的绿树和五颜六色的鲜花丛中，这是詹妮本人的愿望。

英国康沃尔郡海利甘逝去的花园

失而复得的花园

在海利甘逝去花园的热带丛林花园里，喜湿的蕨类植物、树木和植被环绕着一个小池塘。

发现这处逝去的花园是园艺考古的一项重大成就。1914年，第一次世界大战爆发初期，英格兰康沃尔郡海利甘的园艺师们纷纷应征入伍，它就逐渐败落，成了一处荆棘和常春藤相互缠绕、野草丛生的秘密花园，渐渐远离了人们的视线。因为无人照料，许多花园就再也不会重见天日了。

商界人士蒂姆·斯密特出生于1954年的今天，在1990年发现了这些花园，并带领项目团队重建花园，使之再次回到人们的生活中。工作人员反映有些区域还闹鬼，不敢单独前往这些地方。现在，尽管花园已重建，焕发了青春，但海利甘仍然弥漫着一种神秘兼浪漫的气氛。

英格兰伯克郡的海克利尔城堡

真正的唐顿庄园

海克利尔城堡已经变为《唐顿庄园》里虚构的富丽堂皇的宅邸的同义词，举行多次政务活动的房间见证了无数次家族戏剧性场面的发生。镜头通过城堡的开阔草地慢慢地向前推近，昭示着这部电视剧每一集的开始。2010年的今天，该剧首播。

这座城堡的景致让人不禁想起议会大厦，因为这两座建筑都是由同一位建筑师查尔斯·巴里爵士设计的。隐藏在海克利尔城堡花园的"能人"布朗景观中的修士花园，反映了该城堡的历史渊源。749年，海克利尔城堡被赠予温彻斯特主教。

《赫斯珀里得斯的花园》（1870 ～ 1873）

献给众神的花园

爱德华·伯恩－琼斯创作的《赫斯珀里得斯的花园》展现了三位女神身着晚霞般色彩的长袍，围着一棵金苹果树舞蹈，一条蛇缠绕的这棵苹果树的树干。

在希腊神话中，赫斯珀里得斯是仙女，或被认为体现了尘世间的元素。赫斯珀里得斯的女儿，代表着夜晚和日落。她们的职责是守护众神的天后赫拉的花园。

赫拉的花园是金苹果的发源地，据说金苹果能给落日染上金色。这里也是众神存放神器的一处安全之地，包括冥王哈迪斯的头盔或者说是隐形帽、智慧女神雅典娜的盾牌和众神使者赫耳墨斯长翅膀的鞋。赫斯珀里得斯的女儿们得到拉顿的支持，成为这些神器的看护人，拉顿是一条长有 100 个头的龙。这座花园的位置很神秘，但参考其他神话和太阳在西方落山的事实，人们认为这个位置在希腊的西部，很可能在阿特拉斯山脉。维多利亚女王时代的艺术家爱德华·伯恩－琼斯对古典神话很感兴趣，创造了多幅神话主题的画作。

英格兰威尔特郡的莱科克修道院

第一次拍摄到的花园

上图：福克斯·塔尔博特拍摄莱科克修道院的一幅照片，在《大自然的画笔》（1844～1846）一书中独具特色。

右图：1835年拍摄的多张修道院窗户中的一张摄影负片。

威廉·亨利·福克斯·塔尔博特曾经在莱科克修道院居住过，是维多利亚女王时代的一位摄影先行者。1835年，他洗出了在修道院南走廊拍摄的一个小窗户的负片，这是世界上现存最早的摄影负片。在此以前，一幅固定的影像只能通过绘画才能实现，他的发明意味着可以实现重复多次洗印。

英国最早的花园照片是在莱科克修道院拍摄的。福克斯·塔尔博特的《大自然的画笔》（1844～1846）是第一部用摄影照片作插图的书籍，照片是其中抢眼之处。

273

意大利蒂沃利的阿德里安娜别墅

哈德良的花园

阿德里安娜别墅（或称哈德良的别墅）的卡诺珀斯是一个水塘，代表着埃及尼罗河的一个支流。

据说，在 2 世纪初，哈德良皇帝亲自设计了这座花园。花园展现了他对艺术和建筑的极大兴趣，充分利用了场地的优势，花园的布局也保留了周边乡村的景色。在赶赴罗马帝国其他统治地区的过程中，他看到了一些古典场景和标志性建筑，包括多处仿照希腊列柱廊风格的花园遗址，从中受到了启发。简言之，花园的特征就是通过鲜明的轴线相互连接。哈德良深爱着他的别墅和花园，那些废墟成为他这种深切情感的一种永恒见证。

英国皇家植物园的棕榈园

英国皇家植物园

1851 年出版了一本书，书中展现了在基尤的棕榈园的一幅雕版画。

1848 年，位于英格兰伦敦市郊基尤的皇家植物园的棕榈园对外开放。在当时已建成的玻璃暖房中，这种规模的棕榈园是第一个。为建成其独特的曲线外形，建筑师德西默斯·伯顿和工程师理查德·特纳借助了一些成熟的造船技术。当初建设棕榈园是为了保证各种外来的棕榈树和诸多娇嫩植物能正常生长，这些植物都是在世界各地发现的，十分珍贵。

这些植物种植在大小不一的花坛里，依据 19 世纪 60 年代的苗床体系，摆放在许多搁架上展示。这些植物大多来自雨林，而如今雨林仅仅覆盖了世界上 2% 的表面。今天，棕榈园种植着来自世界上最濒危栖息地的各类植物。植被包括许多古代苏铁树、各种药用植物和马达加斯加棕榈树，这种棕榈树被称为自杀树，能存活 50 年左右。一旦开花，它们很快就会死去。

275

中国苏州拙政园
毕恭毕敬的行政官员的花园

在这所园林的众多建筑中的一栋，可眺望水景。苏州被探险者和商人马可·波罗誉为"东方的威尼斯"。

这是中国最精美的园林之一，由一位退休的官员王献臣在 16 世纪修建。在这座中国古典休闲花园，水元素扮演了诸多重要角色，许多九曲回路把各式各样的装饰性花园建筑连在一起。大量雅致景色通过形态各异的大门、大大小小的月亮门和不同朝向的窗户塑造出来。王献臣死后，其子不思进取，沉溺于赌博，欠下大量赌债，迫不得已出售了这座园林。其后，这座园林又经历了多次转手买卖，并且被分割成了 3 个部分。1949 年，中华人民共和国成立，当地政府又重新将园林分割的部分合为一体，将这座修复好的园林对公众开放。每年的 10 月 1 日是中华人民共和国的国庆节。

英国剑桥大学植物园

一所大学花园

图为剑桥大学植物园玻璃暖房外的植被。这些植被包括从各类纤巧的高山植物到众多喜旱仙人掌和多汁植物。

1825～1861年，约翰·史蒂文斯·亨斯洛担任剑桥大学的植物学教授，在这座园林的搬迁事宜上，他起到了重要作用。这座花园创建于1762年，当初设计花园是为了利用穿越林地的若干条蜿蜒小径来展示收集的大量乔木。查尔斯·达尔文在剑桥就学时，亨斯洛是他的导师之一。达尔文曾提出了关于生物变异和植物物种本质的理论，亨斯洛从中受到了很大启发。1834年，园艺学家雷金纳德·克里向园林捐赠了一笔遗产，此前园林的东部区域一直未得到开发。建设工作始于1951年。

现在这座植物园拥有多座先进的实验室和多种姹紫嫣红的室外植被。植物园的核心部位是植物标本馆，该馆保有从世界各地采集的100万株植物标本。全部植物标本经过了干燥、精制，登记编号。这些收藏包括达尔文在"比格尔"号探险途中（1831～1836）收集的植物。

277

英国德文郡的苍翠园

阿加莎·克里斯蒂的花园

从达特河岸边的树林环境，能瞥见这所房子。

1938 年，阿加莎·克里斯蒂买下了德文郡格尔普顿的苍翠园，此时她处于创作的巅峰，所创作的犯罪题材小说十分畅销。这里是一处隐居式的度假地，这里的图书馆保存着她已出版的所有书籍的复件，不过，她不在这里写作，而在伯克郡桑宁戴尔的斯泰尔斯庄园写作。

这座林间花园是这位犯罪小说女王的福地，赋予她一种灵感。苍翠园收藏了她以不同名字出版的大量书籍。2013 年，英国独立电视台在拍摄的电视连续剧《阿加莎·克里斯蒂的波洛》中的一集"死人的愚笨"时把这里选作外景拍摄地。

这所花园在剧中十分重要。有一条路线蜿蜒的小径，经过花园所在地，最后通往犯罪现场——一座俯瞰着达特河的船屋。这里安宁、静谧，弯弯曲曲的几条小路和多块空地成为刺激波洛"灰色小细胞"的一处理想之地。

日本安来市足立美术馆

艺术花园的生动杰作

这是足立美术馆的池庭。图中的建筑是大观茶室，游客可在此享用煎茶或绿茶。

足立美术馆是足立全康于 1970 年修建的。他在当地出生，出身卑微，艰难创业，不懈打拼，最后成为纺织品行业成功的批发商和房地产业的翘楚。

这座美术馆保管着足立收藏的大量日本艺术品，包括日本画家横山大观的许多名画。他亲自设计了这些花园，这些花园本身也变成了一件充满着生机和活力的艺术品。从美术馆的窗框向外眺望这组美丽的花园，简直就像一幅幅巨型画作，这些"艺术品"随季节的交替变化而轮番展现。因此，人们普遍认为这里是日本最佳花园之一。

英国林肯郡的伍尔斯索普庄园

艾萨克·牛顿的苹果树

牛顿著名的苹果树依然矗立在这座宅邸前，每年秋天还在结果实，苹果的品种为"肯特之花"。

1665 年，由于伦敦流行鼠疫，正在剑桥大学读书的艾萨克·牛顿中断学习，返回家乡，这一待就是数年。无论苹果掉地引发他发现重力的传说是真是假，这里都是一座极有影响的花园。牛顿的重力理论应用极其广泛：他创建了一个科学的新方法，即各种理论必须通过可观察、可重复的实验来测试和验证。牛顿具有超越时代的非凡本领，能用相对简单的定律来解释复杂的理论。

300 多年如白驹过隙，如今，一张描绘牛顿坐在苹果树下的手绘图像成为苹果计算机公司的第一个公司标识。

法国普瓦西市的萨伏伊别墅

由勒·柯布西耶设计的作品

从一间起居室向外望去，只见一处半空中的庭院，庭院里有几个花坛。

居所就是用于居住的一台机器。

——勒·柯布西耶

勒·柯布西耶是一位瑞士－法国建筑师，出生于1887年的今天，他设计的萨伏伊别墅展现了花园中关键的光线和空间因素如何与他的各种设计融合在一起。建于1931年的这座现代主义建筑和花园相互交织，室内空间与外部庭园达至平衡。多堵墙壁从住处延伸出来，直达这处花园，相当于开通了多个"窗户"，又大又宽敞的几个门使室内外的空气形成对流，流通顺畅。一堵墙向上突起到屋顶露台，使之成为一个隐蔽的私人日光浴的场所，周围种植着各类植物。整栋建筑虽然看似是一台机器，不如说这是一座花园。

芬兰诺尔马库市的玛丽亚别墅

一座曲线与直线融合的花园

这幢别墅呈"L"形，泳池和草坪也呈"L"形。

玛丽亚别墅是 20 世纪建筑的经典之作。1938 年，芬兰建筑师阿尔瓦尔·阿尔托接受哈利·古利克森和迈雷·古利克森的委托，为他们设计一所夏日居所，他俩是一家实力雄厚的木材公司的所有人。

花园位于一处狭小的林间空地上，设计师用一种非对称的设计手法将经典的直线与现代曲线合为一体。这座游泳池生动的外形与紧贴平地的带角度的饰板是一种创新。阿尔托还因为设计"萨伏伊"玻璃花瓶（1936）和曲线弯木家具而闻名，"萨伏伊"玻璃花瓶与此处的泳池外形很像。

英国格雷斯咖思庄园

一座获过奖的花园

在格雷斯咖思庄园，清晨的露水为这座花园增添了丝丝魔力。

1978年，知名的设计师阿拉贝拉·莱诺克斯－博伊德开始修建这座位于英格兰兰开斯特市卡顿的格雷斯咖思庄园的花园。庄园所处地区有陡峭的峡谷、恶劣的气候，但有一种光线的质感和静谧的气氛。庄园四周规整的平地和花园区域被不同类型的植被划分好了界限，变成了自然主义风格的空间，也成了一座稀有树种和大型灌木的植物园。

很多人认为这所花园是英国最美的花园之一。2020年，在"年度历史性住宅的花园"活动上，这座花园荣获"评委精选花园奖"。

英格兰利物浦市的蒙狄普思（列侬儿时的家）

约翰·列侬的儿时花园

约翰·列侬的姨妈米米为她的居所和花园感到非常自豪。

约翰·列侬生于1940年的今天，他与姨妈和姨夫住在蒙狄普思，并在这遇见了保罗·麦卡特尼（参见第15页），这次相逢被证明是一次通俗音乐革命肇始的一个重大事件。约翰·列侬的母亲曾经常到蒙狄普思来，不幸的是，在一次探访完她的姐姐返回途中，在过马路时被撞身亡。

在列侬乐队组建的初期，她的姨妈不喜欢乐队发出的这种喧闹，他们只能在逼仄的前门廊排练。后来，当麦卡特尼父亲外出时，他们在福斯林路麦卡特尼家的前厅习练。

列侬的姨妈米米在1965年卖掉这所房子，把家搬到了别处。2002年，列侬的遗孀小野洋子买下了这处房产，并把它捐给了国家信托基金会。

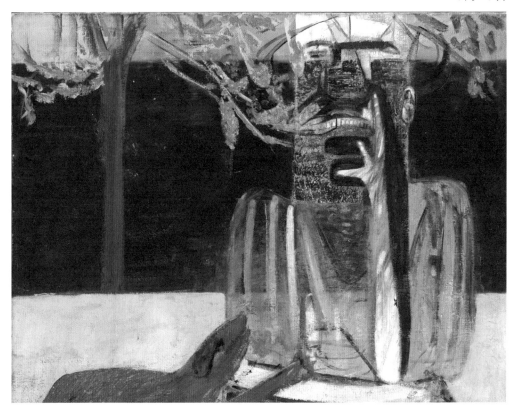

《花园中的人物》（约 1935）

一种不寻常的风景

弗朗西斯·培根的《花园中的人物》展现了一个怪异的形象，部分原因是几根树枝的遮挡而显得模糊，而一只像狗模样的生物在用爪子挠它。

1937 年，在英国青年画家作品的一次展览上，爱尔兰籍英国艺术家弗朗西斯·培根创作的这幅画首次以这个题目展出。它的稀有罕见有两个原因：一是这位艺术家把自这个时期开始的所有作品都毁掉了，而这幅画幸存了下来；二是画中所表现的景观并不是他常画的。

在数个不同场合，这幅画用了不同的标题展出，如《坐着的人物》《狐狸与葡萄》和《戈林和他的狮子俱乐部》，这样的现实情况使画面含义的模糊性愈加凸显。不过，对培根来说，给他的作品取不同的标题也都是家常便饭，同时他定期习惯性地损毁自己的多幅作品，同时还又重新创作已遭废弃的画作。花园系列也属于先遭殃和之后再创作的范围，可能是由于自然事件的触景生情、新的灵感的闪现或者画作的所有权的转让。

285

英国剑桥郡的佩皮斯乡间宅邸

掩埋宝藏的花园

佩皮斯把他的花园周边的景观描述为"上帝创始以来最大、最艳丽的胜地"。

佩皮斯乡间别墅位于英格兰剑桥郡布兰普顿，是塞缪尔·佩皮斯的家族宅邸，他在日记里经常提到这个地方。1667年6月，荷兰舰队航行到泰晤士河，佩皮斯十分惊慌，匆忙让他的父亲和妻子伊丽莎白把他的财宝埋到这座果菜花园里。荷兰人的入侵威胁解除后，佩皮斯要去取出那些财宝，但匆忙埋藏财宝时未留记号标明位置，所以他费了好大的周折才取出。

佩皮斯的日记记载了在1667年的今天，他最终成功找回财宝的详情。尽管有这样的寻宝记录，但是在近200年后，当人们拆除花园的一堵墙时，仍发现一个装着银圆的铁罐，在当时对佩皮斯来说，这只是零花钱而已。

数个世纪以来，各类花园一直是藏宝之地。英国一些幸运的花园主人在自己的花园里发现了埋藏的珍宝，其中一些仅仅是当人们在除草时就露出来了，根本没有使用金属探测器。

英国西萨塞克斯郡方特维尔的顿曼斯花园

《光荣的失序》遇到"棋盘式布局"

顿曼斯花园拥有大量宁静的角落，可供人们在所有季节尽享悠闲。

1946年，乔伊斯·罗宾逊开始修建这处花园。她在自己的书《光荣的失序：一座花园的创建》中记录了自己多年来造园的点点滴滴。她采用了乔木与灌木间的一种优美结构，使她自然主义的植被风格得到进一步的强化。有一次，她去希腊提洛岛旅行，途中发现在石头遍布的地面，植物长得非常茂盛，因此深受启发。回国后，她于1970年在花园中率先加入了碎石，这在英国比其他人提早了许多。

景观设计师约翰·布鲁克斯（参见第131页）搬到顿曼斯的旧马厩屋群之前，在这座花园见过罗宾逊。布鲁克斯改建了花园，重新取名为"时钟屋"，1981年，他又创办了花园设计学校。罗宾逊退休后，布鲁克斯全面接管了花园事务。在他的悉心照料和管理下，这里变成了一处教学场所，应用他所谓的一种"棋盘式布局"方法，阐述他的花园设计理念。顿曼斯没有导向几个焦点的正规轴线，直线和传统小径也用得较少。

荷兰许默洛

皮特·奥多夫的花园

秋天，多年生植物和草地相互交融，成就了这座花园的姹紫嫣红。奥多夫的植被风格看起来似乎很随意，但每一物件的布置和摆放都经过了精心考量。

皮特·奥多夫的自家花园是从他进行花园设计训练中开始的，是一处植物苗圃的组成部分。随着季节的逐渐变化，花园中经过修剪的树篱和整形的常青树相对于大团大团的多年生植物和观赏性草地来说，在视觉上开始变得淡化，而这些植物和草地已经成为他的标志性植被风格。

植物结构和形状是奥多夫理论的核心，因此植物修剪是一项全年不断开展的工作。从初夏到秋天，花开花落，色彩时浓时淡。大量种子穗、残花败柳及飘落的树叶有意保留了下来，在严冬冰霜的映衬下更加突出。

英国诺森伯兰郡的阿尼克花园

当代休闲花园

游客入园欣赏到的第一个特色美景就是这座喷泉。这处喷泉经过精心设计，每半小时喷一次水。

英格兰诺森伯兰郡的女伯爵作出了一个大胆的决定：在一处"能人"布朗景观的中心区建一座新花园。建好的花园于2001年的今天对外开放，花园入口处修建了这座壮观的喷泉，恭迎游客的到来。花园的设计者是比利时的"维尔茨国际"（参见第98页），父亲雅克和儿子彼得在众多古典元素的基础上，开创了一种当代特色。

　　一系列的阶梯形成了数座小挡水坝，水漫下斜坡，通过定时改变水的流速，这处特色喷泉更具蓬勃的生机。鹅耳枥树篱经过修剪呈波浪形，游客在此可欣赏园林和水景的整体效果。

　　不过，这还只是在阿尼克花园休闲消遣的序幕。沿着曲折的小径走进这座围挡花园，那里有大量的植物、千姿百态的藤架、大小不一的凉亭和蜿蜒交错的小溪流。继续前行，多处更安静、隐秘的空间会映入眼帘，在这人头攒动、喧阗鼎沸的大花园里，有如此的静谧让人不敢想象。

法国吕贝隆的卢浮宫

一种爱马仕织锦

上图：这座花园一直在依据原有的设计要求进行养护。

对页上图：在芝加哥，皮特·奥多夫的多年生植物和草地已成经典。

对页下图：垂直林地在世界范围内引领了类似植物结构的潮流。

尼科尔·德·维西恩生于 1916 年，她长期在爱马仕就职，是一位功成名就的职业纺织品设计师。从爱马仕退休后，她修建了这处花园。她情愿将巴黎的生活立刻切换到荒郊野岭之中。她选中了一栋落败的房子，这栋破房子位于博尼约的一处陡峭、岩石遍地的山坡上。她要把自己的余生花在重建自己的家园和构建这处给人以灵感的花园上。她仔细挑选了适合这种恶劣环境的植物。一开始，由于手头不宽裕，她不得不从当地一家苗圃买一些霜打的、烧伤的柏树，把它们乱蓬蓬的树尖削平，以尽快长出新的侧枝。她在植物外形与精心布局的植物分群之间费尽思量，保持了均衡，产生了织锦般效果。在此景观范围内的土生植物自然而然形成了土丘状外形，使它们能抵御干旱和破坏性极强的经常性密史脱拉风，她正是受这种现象的启发，顺其自然，用双手精巧地修剪植物，形成了特色。

美国千禧公园里的卢里花园

一座都市草场

这座自然主义花园坐落于美国伊利诺伊州芝加哥市千禧公园的一角，为该市的闹市区带来了充满活力的草原风格。花园的总体规划由古斯塔夫松·格思里·尼科尔负责，而皮特·奥多夫负责植被设计，两人均于2004年完工。多年来，此处五彩缤纷的四季、遍地多年生植物的质感以及无处不在的草地在都市背景下已然成型。

意大利米兰的垂直林地

现代空中花园

建筑师斯特凡诺·博埃里与植物学家埃马努埃拉·博里奥和劳拉·加蒂密切合作，把城市绿化提升到了新的高度。经过5年多的建造，垂直林地于2014年10月17日对外开放。这个项目由米兰的伊索拉社区的两栋公寓塔楼的人工造林组成，公寓大大小小的阳台共种植了900棵树，其中一些长到了近9米高。

10月18日

英国肯特郡的赫弗城堡

一座古典雕塑花园

赫弗城堡的意大利
风格花园，收藏
了很多大型雕像，
图示为其中的一
部分。

位于英格兰肯特郡艾顿布里奇镇赫弗城堡的花园建于 1904 ~ 1908 年，主要是保存威廉·华道夫·艾斯特收藏的许多大型雕塑和古物。约瑟夫·奇尔与索恩景观建设公司承担了建筑工程，为实现设计要求，共动用了 1000 名壮劳力，仅仅是开挖占地 14.2 公顷的湖面，约 800 人就花了 2 年的时间。他们用了 4 年时间就修建了多处古典花园和自然主义景观，在原来 50 公顷的沼泽地上进行绿化。这座意大利风格的花园尤为抢眼，艾斯特收藏的众多古希腊和罗马精美雕像被精心布局、安放。花园还专门修建了一座凉廊，人们在欣赏、赞叹着花园美景的同时，缅怀那些充满智慧且辛勤的先人们。

1890 年，艾斯特移居英国，在 1919 年的今天离开了人间。本书第 194 页介绍的克利夫登花园属于他的另一座宅邸。他拥有众多财产，克利夫登别墅是其中的一处。安妮·博林王后曾经在赫弗城堡度过了她的童年时光。

292

英国康沃尔郡特朗温顿的果菜园

一座有稻草人的花园

小学生和志愿者们
每年在特朗温顿制
作了许多稻草人，
这是其中的一个。

英国部分大型花园每年都举办一些不同主题的展览和竞赛，邀请当地的学校和社区参加。2022年，在康沃尔郡特朗温顿的这座带围墙的果菜园，在8～10月举办了主题为"长大后，我想成为……"的稻草人展览。在艺术家约翰·基斯创办的创新工坊和多位志愿者的协助下，当地学校的60名孩子参加了这项活动，一共制作了13个稻草人。

稻草人的类型较多，包括：一个挂在一辆绞车上的英国皇家全国救生艇协会的稻草人志愿者，这名稻草人志愿者正在救援的途中；一名正在踢足球的稻草人运动员和一位在作画的稻草人艺术家。这些稻草人摆放在这座带围挡的花园的5个特色鲜明的不同区域，游客们可投票选出心仪的作品。

特朗温顿的围挡花园由罗斯·普赖斯爵士建于19世纪20年代，与《圣经》中描述的挪亚方舟的尺寸（23米×135米）大致相同。

293

英国劳瑟城堡花园

废墟里的花园

爬墙植物覆盖了一
部分石墙，自然生
长的多年生植被
通过这个空间形成
了几条特色小径，
这座花园焕发了
新生。

位于英格兰坎布里亚郡彭里斯镇的劳瑟城堡，有一个房间代表着一年中的每一天，与雅致、宽阔的花园组合搭配。休·劳瑟在25岁时出人意料地继承了伯爵身份，成为第五代朗斯代尔伯爵，他还继承了这处地产和伦敦的两座公馆。作为一位优秀的运动员，拳击比赛中的朗斯代尔腰带奖就是他设立的。然而他挥金如土、纸醉金迷，在60年内散尽了财富。1936年，这座城堡和众多花园被遗弃，草坪在战时被坦克团征用。1957年，这座城堡被拆毁，只留下侧面和部分外墙。花园区敝败破落为荒地，成了一群鸡、猪和蝙蝠的欢乐之乡。

2008年，有关方面作出决定要重建这些花园。之后，设计师丹·皮尔森拟出一个20年的总体建设规划，其中围墙内的花园设计，部分是受到了大自然再造的其他废墟和意大利罗马附近的仙女花园的启发而提出的。

294

英国阿伯凡纪念花园

一种纪念花园

阿伯凡纪念花园设
有几把椅子供人在
此寄托哀思。

这所花园位于威尔士阿伯凡的原彭特格拉斯小学的地址，以纪念在阿伯凡灾难中不幸遇难的 116 名孩子和 28 名成年人。1966 年 10 月 21 日上午 9:13，一座煤矿的废渣场发生崩塌，彭特格拉斯小学被惨痛地吞噬了……那些活泼可爱的孩子们和他们的老师们与家人们瞬间就阴阳两隔！

对于失去亲人的那些家庭、那场灾难中的幸存者、本地的整个社区和参观者来说，这是一处重要的纪念场所，人们在这里凭吊逝去的生命，寄托他们的深切哀思。

英国汉娜·佩斯哈尔雕塑花园

一座雕塑花园

40多年来，这座位于英格兰萨里郡奥克利的花园一直是一处艺术与自然的生动交融之处。在汉娜·佩斯哈尔及其丈夫来之前，景观设计师安东尼·保罗在20世纪70年代来到这里，这里是利思·韦尔庄园的一部分。长成的参天树林得以保留，保罗应用建筑规则和叶子形状，在这些树下种上了他精心遴选的少量种类的植物，又增加了3座天然池塘，周边区域栽种了一片片适宜的喜湿植物，大量草地遍布整座花园。精心选择的一些雕塑在美丽的植被背景下安放在最合适的位置。在英国，这座花园是同类花园中的第一座，也是一件真正的艺术品。

日本京都的西芳寺

苔藓花园

上图：几条苔藓桥将西芳寺的林地空间连到了一起。

对页图：2014年，这座花园是艾莉森·伯曼制作的"摇晃马"的家园，这些"摇晃马"是由玻璃纤维和树脂制成的。

西芳寺以苔藓而著称，因而也称为苔藓寺。这座寺庙建筑也同样被苔藓覆盖，其历史要回溯到1200多年前。

寺庙的林地地面像地毯一样被数百种厚厚的苔藓覆盖，这些苔藓形成了不同的堆积高度。苔藓是一种美观的林地自然盖地植物，而不仅仅是草坪不受欢迎的一种多余杂草。

英国的修士花园

乔治·哈里森的花园

乔治·哈里森坐在他的花园里，这是他的《一切终将逝去》（1972）唱片封面的插图。

英格兰牛津郡亨利镇的这座花园有两次高光时刻。律师兼显微镜专家弗兰克·克里斯普爵士根据一座修道院花园的外观和感受修建了一些奇异的花园。他与景观设计师亨利·米尔纳的合作结出了硕果，设计出一座精致的岩石花园，花园的最高处耸立着一座比例缩减版的马特洪峰，白石块被碾碎后，铺满了斜坡，如同下雪一样。花园在 1898 年完工后按计划正式对公众开放，大受游客欢迎。

克里斯普于 1919 年去世后，这座花园几经转手，逐渐衰落。1970 年，乔治·哈里森买下了它，花园因而免遭毁灭。一时间，他成了一名全身心投入的园艺师，而园艺通常不是一位摇滚明星的追求。花园应远离尘嚣，远离功利，应当是安全的港湾。他的第一个独唱唱片集《一切终将逝去》（1972）的封面展示哈里森在花园里与几个土地精灵在一起。滑稽的哈里穿得与土地精灵的服饰相搭配。他的自传《我是我的》奉献给"世界各地的园艺师"。

英国埃塞克斯郡的沃利大宅

威尔莫特小姐的幽灵花园

今天，位于沃利大宅的花园是一处自然保护区，朝向那里的偶然一瞥仍然会使人想到它当年的荣光。

位于沃利大宅的这座花园曾栽种着众多的无与伦比的植物，由100位园丁管护着。这座花园由埃伦·威尔莫特修建，她是一位自学成才的园艺学家，天资聪颖、才华横溢同时又身家不凡。很多著名的植物物种和培育植物都被命名为"威尔莫特小姐"或"沃利"，让人难以忘记她的英名。

1897年，英国皇家园艺学会首次授予两位女性"维多利亚荣誉勋章"，威尔莫特是其中之一，格特鲁德·吉基尔是另一位，并且到场领奖，威尔莫特则没有出席这次活动。至于她为何不参加这个仪式接受荣誉，至今仍是个谜。

"威尔莫特小姐的幽灵"是硕大刺芹的通俗名称，得此名的原因是她在参观过的花园都撒下它的种子这件事属实，或者是这种植物与她比较乖戾的性格相配。

由于她在园艺上的花费太过大手大脚，自身的财富大幅缩水，沃利大宅的这座花园陷于衰败。她去世后，大宅被拆除。

英国伦敦的沃克斯豪尔消遣花园

伦敦的第一座消遣花园

1809年,托马斯·罗兰森所表现的处于鼎盛时期的沃克斯豪尔消遣花园。这幅插图原来印制在艾克曼的著作《伦敦的小天地》中。

沃克斯豪尔花园是伦敦的第一座商业化专门用于消遣的花园。自17世纪60年代起,这里就是人们聚会和消遣的一个去处。1729年,乔纳森·泰尔斯把这里建成消遣花园。这座新花园采取收门票的形式,门票为一个先令,主要目的是阻止那些不受欢迎的人入场。沃克斯豪尔是一处时尚与文化的高雅之地,经常举办各类艺术家的作品展,因而它变成了一家早期的艺术展示馆。多位作曲家的作品经常在此演奏,如乔治·弗雷德里克·亨德尔,他在声名显赫时,几乎成了一位驻场音乐家。但这座花园逐渐偏离了高雅艺术的道路,开始变得声名狼藉。花园灌木丛中那些黑暗的角落成了一夜风流的苟且之地,无数奇装异服的化装舞会屡屡因行为不轨而臭名昭著。最终,它不可避免地走上了消亡之路。1859年,这座花园被关闭了。

英国纽敦纳兹镇的斯图尔特山

一座古怪的花园

这处渡渡鸟领地摆放着所有种类的搞笑雕塑，异想天开，颇有特色……但几座渡渡鸟雕塑占据着中心位置。

在北爱尔兰纽敦纳兹镇的斯图尔特山的花园组群中，最美之处洋溢着一种诙谐轻松的感觉。20世纪初，当地第七代侯爵的妻子伦敦德里夫人伊迪思在一处现存的历史景观上修建了这座花园。1917年，她第一次见到这座公馆和花园时，印象并不太好，不过她决定修建一座能展示她的性格特点的高度个性化花园，让人感受到一种对植物的幽默和深情。这座公馆附近的正规花园组群包括一处意大利花园，花园里摆放反映希腊神话故事的多座人物雕像。托马斯·贝蒂创作了已灭绝的渡渡鸟的水泥雕像，继而这里就取名为"渡渡鸟领地"。这些取自"方舟"的各类植物和其他动物令人自豪，成为公馆主人们在第一次世界大战期间每周举办朋友聚会上的独特标志。从这座公馆再往前走，有些植物茂密的非规整花园生长着许多稀有、娇嫩的灌木。

301

刺猬们的高速路
专为小生物开设的一条通道

过去 50 年，英国刺猬的数量一直在大幅下降，近年来，这种趋势又雪上加霜，现有的刺猬数量逼近这个物种的灭绝临界点。但这种夜间活动的动物却大受野生花园游客的欢迎，因为它们特别喜欢吃花园里的大量害虫，如蛞蝓和蜗牛。花园主人们会在栅栏底部挖些小洞，便利这些天然流浪汉们自由进出。花园间的许多 13 厘米见方的方形（或圆形）拱洞成为刺猬们的一条高速公路，保证它们有充足的食物供应和冬眠栖息地。但对于大部分家庭宠物来说，这些地盘又显得过于狭小了。

2022 年，一家保护刺猬的慈善机构授予诺丁汉郡基沃思村的戴尔路为"英国最大的刺猬街道"称号。在戴尔路，30 座花园通过 42 条刺猬高速路连在一起，包括许多大门、栅栏和围挡下面的通道；在多个食物和水的供应点附近人们安装了许多摄像机，用于监控野生动物，通过摄像机对在这些地方发生的所有夜间活动都了如指掌。这个举措将分散的几个居民社区在一个共同的目标下团结在一起。

爱德华·芒奇的《花园里的猜忌》(1929)

令人不安的花园

上图：芒奇的《花园里的猜忌》的这个版本中有4个人物，其他版本通常只有3个。

对页图：在这所花园的墙上修了一条"刺猬高速路"。这个洞足够大，家里的一些宠物也能自由进出。

爱德华·芒奇用了30多年的时间，一共创作了11幅题目同为《猜忌》的系列作品。图中的这幅作品大约在1929年创作完成，现在陈列在挪威奥斯陆芒奇博物馆内。这位艺术家饱受焦虑和抑郁症的折磨，所以他的画表现了非常复杂的各种情绪。

第一幅《猜忌》画表现了一个亚当和夏娃主题，之后他又多次画过本系列作品中这个主题。《猜忌》一般画3个人物，但此处人物之间的关系并不清楚。画面右侧这个无脸的人让人心绪不宁，前景的这个人物表现出强烈的孤独感，或许是被绝对负面的情绪控制所导致。这幅画特别令人烦扰，因为人们普遍认为置身一座花园会放飞心灵，心满意足，增加幸福感，所以这幅画作所表现的情感与普遍认知形成强烈的反讽。

303

意大利的萨克罗博斯科（波马佐花园）

怪兽公园

这座位于意大利拉齐奥大区奥尔西尼庄园的花园，又称为怪兽公园。其拉丁语名称意为"说明"或"展现"。这座花园的每一个超现实的怪物、野兽和石雕面容都代表一种失去的爱，这种失去的爱来自花园的建造者波马佐公爵皮耶尔·弗朗西斯科·奥尔西尼。

这座16世纪末寓意花园的设计是由皮罗·利戈里奥完成的，与同时代的其他精品花园的风格形成强烈的对比。奥尔西尼于1583年的今天去世。他去世后，这座花园疏于维护，逐渐衰败。一直到了20世纪70年代，当时的业主们才开启了一个修复工程项目。

英国牛津郡伍德斯托克的布伦海姆宫

一座幽灵般的花园

上图：在万圣节，夜色中照得明亮的巨大蜘蛛网给布伦海姆宫的这座花园增添了一丝诡异的气氛。

对页图：历经沧桑的几节石台阶赋予了这个张大的鬼怪式嘴巴一种奇特的诱惑力，使人情不自禁地想去深处探个究竟。

万圣节，即所有圣徒出现的前夜。名字取自这个所有圣徒的基督教节日，万圣节持续 3 天，以万灵日结束。万圣节恰好与凯尔特的夏末节重合，在夏末节期间，人们穿着不同的装饰，点亮篝火，驱散众幽灵。

在每年的这个时期，布伦海姆宫的一些花园都会装点成神秘的幽灵鬼怪林地，到处都令人毛骨悚然、惊奇万分，其颇具古典历史特征的装饰变成了鬼怪般人物的背景。随着季节转换，明亮的南瓜、摇曳的火光和照明效果使入夜后这座花园的气氛显得倍加神秘和诡异。

墨西哥的蓝色房子

亡灵节的花园

上图：墨西哥城弗里达·卡罗博物馆的这座花园装饰着万寿菊，在亡灵节纪念和追思卡罗。

对页图：莫奈的睡莲在这个浅水池的基底连在一起。通过一条抬高的人行道，可看到它们在清澈的水中闪着微光。

这处封闭的小庭园花园位于弗里达·卡罗在墨西哥城的居所内，居所内的这座建筑被称为蓝房子，具有的强烈冲击力的色彩。现在这是一座博物馆，展现了卡罗及其丈夫——壁画家迭戈·里维拉的情趣和灵气。

在墨西哥，亡灵节是对生命的颂扬和对亡灵的追思。这个节日一般在每年的 11 月的 1 日或 2 日。亡灵节起源于墨西哥的阿兹特克人，人们用花花绿绿、精致的服饰、糖做的各种头骨和其他骨骼、蝴蝶和代表光明的万寿菊来度过这个节日。在蓝房子，一种祭奠卡罗的供品摆放在阿兹特克风格的金字塔结构上，搭建这个结构是用来展示这位艺术家收集的前西班牙时代的艺术藏品。这座花园用许多明黄的盆植万寿菊装饰。对卡罗来说，大自然和植物是她永恒的灵感源泉。这处充满生机的空间展示了她的艺术和墨西哥文化。

日本京都的精美艺术花园

一座露天博物馆

安藤忠雄是一位自学成才的日本建筑师。早年他是一位职业拳击手，这使他有机会游历世界各地，开阔眼界，从而感受到了不同文化的建筑风格。他把这处空间设计成一座露天博物馆，展示各位世界级著名艺术家艺术作品的全尺寸陶瓷复制品。

在这座造型优美的当代花园中，莫奈所画著名的睡莲被设置为一个浅水池的池底对外展示。游客低头向下看去，只见这些睡莲在清澈的水中闪烁着微光，通过这个别出心裁的视角欣赏一件非常熟悉的艺术品。

307

英格兰伦敦的科芬园
百姓的露天大市场

塞缪尔·斯科特创作的这幅油画（1755）表现了这个市场的喧闹场景，画中的时间距离"伦敦大火"不到100年。

公元1200年左右的早期记录表明这处田野和果园所在的地段属于威斯敏斯特大教堂，所以其名字的渊源意为"威斯敏斯特大教堂和女修道院的花园"。1552年，这块土地上的爵位被授予贝德福德第一代伯爵。17世纪，在历史上前所未有的城市规划活动中，第四代伯爵将这里改头换面，使之脱胎换骨，焕然一新。他聘请当时的一流建筑师伊尼戈·琼斯，建设了英国历史上第一座公共广场——露天大市场。

许多富裕家庭，其中很多还拥有爵位，都迁入了那些建在朝南和朝东的住宅，它们建在有拱廊的侧壁上方。1666年伦敦大火后，位于中心地段的土地逐渐演变成伦敦最大的市场，进行水果和蔬菜的买卖。这座新古典主义的市场大楼建于19世纪中叶。100年后，这座市场需要更多空间，于1974年迁到了九榆树区。科芬园虽然一度是时尚或臭名昭著的代名词，但长期以来一直是周边地区的一个活力十足的邻居。

英国的马利斯菲尔德 20 号花园

西格蒙德·弗洛伊德的花园

1938 年，弗洛伊德与他的两个孙子斯蒂芬和卢西恩在这座花园里合影。现在，这座建筑是伦敦弗洛伊德博物馆所在地。

> 鲜花使人心定。它们既不冲动，也不会产生冲突。
>
> ——西格蒙德·弗洛伊德

弗洛伊德是一位精神病学家、发明家和精神分析学派的创始人，也是划时代的《梦的解析》（1900）一书的作者。1938 年，他与妻子安娜一起从奥地利逃难来到英国伦敦，住在汉普斯蒂德。之前，他们在奥地利维也纳的家只是一套公寓，因此都非常青睐在汉普斯蒂德新居所的花园。

1939 年 5 月 6 日，天气晴朗，阳光明媚。因此，他们决定在这座花园里举办一次聚会，庆祝弗洛伊德 83 岁生日，这也是他最后一次庆祝生日。随着健康状况的恶化，弗洛伊德让人把床移到书房，面向法式窗户，以便能眺望窗外的这座花园。尽管他只是在这里住了很短的一段时间，但这座花园在弗洛伊德人生最后的几个月中扮演了极其重要的角色。

埃里克·勒维利厄斯的《11月5日》(1933)

篝火之夜

在一排小小的后花园，人们或三三两两欢呼雀跃，或独自一人心中暗喜，埃里克·勒维利厄斯的这幅画准确地抓取了这个欢快的瞬间。

1605年11月5日，盖伊·福克斯策划在国会大厦炸死英王詹姆士一世的阴谋失败了，人们奔走相告，欢呼雀跃。根据这段描述，英国艺术家埃里克·勒维利厄斯在1933年把这段历史描画了出来。这幅画表现了一个时段的场景：在1605年的这个夜晚，千家万户在自家的后花园围着篝火欢庆，燃放烟花爆竹。随着花园规模的缩小、收紧对烟花爆竹销售和燃放的监管措施，以及限制在花园点燃篝火等，每年11月5日的家庭庆祝活动渐渐减弱下来。但有组织的公共篝火和烟花爆竹的燃放表演更加安全，还能使社区民众聚拢在一起，并为慈善事业筹措资金。

The Chinese House, the Rotunda, & the Company in Masquerade in RANELAGH GARDENS.   La Maison Chinoise, la Rotonde et les Masques au Bal Masqué dans les JARDINS de RANELAGH.

英国伦敦切尔西区的拉内拉赫花园

娱乐场的原型

托马斯·鲍尔斯于 1754 年创作的这幅蚀刻版画是人工上色的，画面表现了人们在圆形建筑和中式风格的凉亭周围休闲消遣的场景。

1742 年，在拉内拉赫伯爵拥有的一座大公馆的原址，一些人合伙修建了拉内拉赫花园，该花园位于切尔西皇家医院的东南方。受到罗马万神殿的启发，在拉内拉赫花园建造了一座圆形建筑，这座建筑是全园的精髓。这座建有中央壁炉的宽阔表演场长达 61 米，拥有一个供管弦乐队、一台管风琴演奏的空间，最具特色的是墙壁的四周还有多个包厢，客人在包厢内可以边欣赏表演，边品尝茶点。1742 年，花园音乐会向公众开放，门票价格为 1 个先令，每周有好几天都会举办各种活动。

游客最初的追捧热情消退后，其吸引力转向了花园的庭院，包括多处小花园、一条中式风格的水道和一座中式凉亭。每晚的灯饰、魔法灯笼和焰火表演让人陶醉其中，这对游客是一种神奇的体验。后来，这些小花园因发生了一些龌龊事而声名狼藉，公众逐渐失去了兴趣。1805 年，小花园被拆除。

贝弗利·尼科尔斯的《沿着花园小路》(1931)
一部关于花园的著作

1980 年，贝弗利·尼科尔斯坐在他位于英国萨里郡的花园里。

20 世纪 30 年代，贝弗利·尼科尔斯寻求要建一座他心目中的理想花园，这本《沿着花园小路》就是他长期探索的智慧结晶。他在书中笔触诙谐幽默。这是一部时代作品，他在面对园艺方面的灾难所展现出的豁达和幽默，却能超越时空，真情永驻。全书贯穿着一种实用的及非园艺的思路，以一种透视的角度进行客观剖析。迄今为止，这部书仍是人们最喜爱的园艺著作之一。

英国斯塔德利皇家公园与万泉修道院

一座水景花园

这座敬虔殿建于18世纪30年代，从中可以远眺斯塔德利皇家公园的月形池塘。

在英国北约克郡里彭市，这座坐落于一个山谷里的皇家公园，在同类花园中是最美的花园之一。园中有一处水道、几个外形规整的池塘和一片湖，这几处景观完美地组合在一起。几栋花园建筑建在山谷两边的山坡上，成为一系列风景的抢眼之处，这一切都是花园建造者约翰·艾斯拉贝的呕心沥血之作。约翰·艾斯拉贝曾担任过英国财政大臣，由于卷入"南海泡沫事件"（1720年开始的金融危机）而被迫下台，政治生涯黯然终结。1722年，艾斯拉贝离职后，回到自家庄园。在此隐居直到离世的最后20年里，他心无旁骛，全力以赴地设计建造毗邻万泉修道院遗址的这座美丽花园。

英国伯克利广场

一座生机勃勃的广场

苏格兰艺术家彼得·格雷厄姆在他的画《夜莺在唱歌》（2023）中描绘了伯克利广场的嘈杂和忙碌。

伯克利广场是英国伦敦最大、最著名的广场之一，位于梅费尔区（伦敦高级住宅区），由建筑师威廉·肯特设计，但从形状上看，它并不是一座真正的广场。他设计了在44号地址上的建筑，现今仍然保留着，列入保护历史遗产对象目录。他还建设了多处著名的景观花园，其中包括罗夏姆园（参见第201页）。

正如在这幅《夜莺在歌唱》中所表现的，"一只夜莺在伯克利广场歌唱"这首歌使这座广场名声大噪。今天，已不可能再在这里听到夜莺的歌声了，但许多歌星都唱过这首感人的歌曲，灌制唱片，如纳特·金·科尔、宾·克罗斯比、薇拉·琳和弗兰克·辛纳特拉。英国伦敦的二球悬铃木是这座城市中最古老、最高的珍贵树木之一，为人们在伯克利广场纳凉避暑提供了便利。

美国布勒德尔保护区

日式花园

深色的松柏和苔藓在秋日暖色调的槭树映衬下显得十分耀眼。

这处自然保护区位于美国华盛顿州班布里奇岛，是普伦蒂斯·布勒德尔及妻子弗吉尼亚的私密家园。布勒德尔的家族经营木材生意，业务红红火火，但他不情愿成为家业的继承人。他是一位非常坚定的早期环保主义者，积极投身环保工作。他与多位知名的景观建筑师和设计师合作，包括托马斯·丘奇和理查德·哈格，用尽可能少的人工修建了各式各样的花园。

这所日式花园是久保田藤太郎设计的。多条弯曲的小径吸引着人们在此漫步，穿过各具特色、对比鲜明的一些区域，包括几座传统的岩石和沙砾花园。布勒德尔及其志同道合者把这处保护区回报给了社会，于1988年对外开放。

"鲜血洒满土地，红色海洋呈现"（2014）
我们将永远铭记他们

无数的陶瓷虞美人穿过这座护城河，像鲜血一样撒遍伦敦塔的外围。在稍远处，志愿者们在继续增添虞美人。

1914～1918年，比利时的佛兰德斯是第一次世界大战的主要战场，多场战役在此打响，佛兰德斯因此满目疮痍。但在初夏时节，一片片鲜红的虞美人在将士们倒下的地方、战争造成的废墟上盛开。加拿大医生约翰·麦克雷写了一首诗《在佛兰德斯战场》（1915），这首诗产生了巨大影响。把虞美人与追忆在战场上捐躯的士兵联系在一起，使虞美人成为牺牲了的战士的象征。1921年，英国皇家军团司令道格拉斯·海格陆军元帅认可了这种隐喻，人们制作了虞美人以纪念停战日，后来决定将每年的11月11日作为荣军纪念日。

在这个纪念第一次世界大战爆发100年的公共活动中，888246朵陶瓷虞美人被安放在伦敦塔的护城河畔，每一朵都代表着一位在战争中献出生命的士兵。数千人花了几个月时间才完成虞美人的摆放，视觉上极具冲击力。

英国威尔特郡的斯托海德花园

一座极适于散步的花园

在斯托海德花园，秋日的绚烂色彩衬托着庄重的万神殿、沧桑的帕拉第奥桥和秀丽的湖泊。

斯托海德花园是英国最美的景观花园之一。亨利·霍尔二世在1741～1780年修建了这处花园，从花园最早的时期就开始对外开放。对它的第一次描写就把花园定位为一件"灵动的艺术品"，从今天的角度来看这座现存的花园，此言仍然不虚。一片宽阔的湖面是花园的点睛之笔，花园的诸多建筑物和大量枝繁叶茂的稀有树木都成为这片湖的映衬。当漫步花园弯弯的各条小径上，无数的美景扑面而来。秋天，怡人的各种暖色调浸染了千姿百态的乔木和灌木，让这里的景色更显秀美、温馨，这一切都让霍尔几百年前的愿景得到了进一步的强化，斯托海德花园作为一件"灵动的艺术品"当之无愧。

《在吉维尼的艺术家花园》（1900）
一座展现艺术的花园

克劳德·莫奈创作了画布油画《在吉维尼的艺术家花园》（1900）。

　　一幅花园照片只能抓取一个瞬间，一幅花园画作却能表现出各种色彩、不同形状、纹理差别以及每个元素之间的关系。莫奈认为他的花园就是他最伟大的艺术作品，就像一个巨大的有着鲜活生命的调色板。他能够根据自己的观察，按照自己的意愿来描绘自己想表达的植物色彩和形状。他的各类嗜好与纯粹的园艺家大相径庭。

　　在室外画题材的作品中，莫奈是印象主义画派的领军人物，其《露天》表现了不同的光线强度、季节和天气的综合效果。他对画花园情有独钟，经常创作此类作品。

　　这幅画作有助于我们体验花园里的蝴蝶花盛开时，莫奈是怎样观察他家花园的这一区域的。

法国吉维尼镇克劳德·莫奈的居所和花园
一座艺术般的花园

1925 年，莫奈在自家的花园里。仅仅过了一年，他就于 1926 年 12 月 5 日离开了人间。

克劳德·莫奈出生于 1840 年 11 月 14 日，一生酷爱植物。对页的内容已经提及，他将自己的花园视为最伟大的艺术品。住在吉维尼时，他就不断地修葺完善这座花园。莫奈住在这里似乎就是一位专职园艺师。在这个过程的一开始，他就事无巨细、事必躬亲，督促检查建园的方方面面，无所不包，从播种到决定哪些树该移走。

封闭的诺曼——封闭的鲜花花园，是从他的居所和工作室向外望去而看到的风景。所看到的花园及其建造者是黑白色的，凸显了植物的形状和纹理的细微差别。满园植物生机勃勃时，此处多条直线边界被叶子和花卉遮挡了。由于没有其他颜色分散读者的注意力，种植在边界前方的一圈旱金莲一下子抓住了人们的眼球。

319

11月15日
美国纽约市现代艺术博物馆的屋顶花园
位处高空，维护简便

美国景观建筑师肯·史密斯设计了这所花园，以区分这座新建附属建筑的屋顶与现代艺术博物馆，现代艺术博物馆由建筑师谷口吉生设计。这所花园于 2005 年对外开放，巨大的军队迷彩风格将屋顶变为一座可见的花园，犹如一件抽象艺术品。在花园里，可再生的橡胶碎片、碾碎的玻璃、人造大块岩石和各种人造植物成就了一件现代花园艺术精品。

11月16日
《秋天》(1950)
一张花园印刷品

爱德华·鲍登是一位艺术家、版画复制师、插图画家和园艺师。所示漆布块展示的可能是他对位于英国埃塞克斯郡砖房自家花园的一种探究。他在花园成立了一个艺术中心，许多艺术家如埃里克·勒维利厄斯会在此小住。

　　这座花园的景色重点强调了秋天的丰裕，暗示着花园当前正在准备着，以迎接严冬的到来。

英国皇家园艺学会布里奇沃特花园

古老的土地，崭新的花园

上图：天堂园的一处喷泉，由汤姆·斯图尔特－史密斯设计。

对页上图：只能从毗邻的高层建筑才能俯瞰这座宛如艺术品的屋顶花园。

对页下图：爱德华·鲍登创作了《秋天》（漆布切块／印花布）。

位于英格兰曼彻斯特市索尔福德镇的布里奇沃特花园是英国皇家园艺学会第五座花园，于2021年对外开放。这座花园原定于2020年开放，由于新冠疫情的影响，开放时间被迫延迟了1年。1940年沃斯利新庄园被拆除，布里奇沃特花园是在该庄园原址上建起来的。花园的整体设计是要继承较早期华丽正规花园的传统。其中，韦斯顿园的双层围挡被保留下来，内部区域被一分为二；天堂园融合了地中海植被风格和伊斯兰传统；果菜园以一种当代布局表现了当地的历史和遗产。

非比寻常的是，各类劳动大军参加了这座花园的重建，其中不但有当地居民参与了建设，还包括稀有品种的猪群，它们的工作效率最高，能锲而不舍地改善果园园地的地力——今天，这些功臣猪群仍然与它们的鸡鸭战友们一道并肩战斗，在这座花园不知疲劳地勤奋工作着。

无挖掘工程的花园

只有浅层施工

查尔斯·道丁的农场，位于英格兰索默塞特郡蒙塔古的谢普顿。

　　没有挖掘工程可节省时间，花园也显得质朴，无须使用合成肥料或农药就能全年连作连种。

——选自查尔斯·道丁的《栽培的技巧》

无挖掘工程的园艺方法意味着后期维护工作较少，除草工作量也大幅降低。往土壤表面添加各种有机物，同时让大自然承担把养分输送到土地的角色也能减少灌溉的用水量。查尔斯·道丁是英国这种理念倡导者的领军人物之一。许多专业人士已经欣然采纳了这些做法，以减少对地力的损害和土地的污染。在园艺方面，对于所有种类和大小的花园植被来说，都要因地制宜，根据实际情况来规划。

英国霍尔克庄园

建有迷宫的花园

霍尔克庄园的迷宫设计采用了阴阳符号的形状。

传统上，人们认为迷宫有着多条弯弯扭扭通向几个中心位置的小径，有助于沉思。位于英格兰坎布里亚郡卡特梅尔的卡克的霍尔克庄园，其迷宫建在野花草地上，把正规的花园与外面的景观连在一起。

迷宫专家吉姆·布坎南与卡文迪什夫人格拉妮娅合作，设计了这个迷宫。他们根据印度寺庙的图案，设计了几条弯曲小路，又放置了12块大石板，两者融为一体，这种做法与坎布里亚本地的传统石圈形成了共鸣。

英国布莱克普尔市的冬季花园

玻璃房中的冬季花园 1

图示为20世纪初期布莱克普尔市冬季花园蕨类植物的苗圃。它展现出风靡维多利亚时期的"蕨类植物狂热"。

历史上，一座能加温的花园温室能驱散寒冷，滋养众多外来植物。根据不同温度，这种方式能保证全年都有鲜花盛开。

19世纪末和20世纪初，在英国公共温室内修建花园能够弥补冬季海滨度假地的不足，成为它们的一种替代渠道。当室外天气湿冷或寒风凛冽时，人们通过鲜花长廊，可以在花园中徜徉。由于大部分人都没有能力亲身奔赴异邦旅游度假，享受那里的心仪气候，所以这种人工制造的舒适环境，满足了这部分人季节性的迫切需要。布莱克普尔的冬季花园在1878年开业，花园建有一个长满植物的长廊，长廊的屋顶由玻璃制成；还有一座举办特色活动的亭阁式大厅以及室内室外两种溜冰场，这意味着在布莱克普尔的游客并不是千篇一律，仍然有一些游客喜欢这里的冬季。

英国汉普顿宫的迷宫

一座曲折迂回的花园

汉普顿宫的迷宫原来栽植的是鹅耳枥木。

英国汉普顿宫非常大，大到在没有进到的著名树篱迷宫就会迷路。一般来说，由于时代关系，人们并不确切了解迷宫始建于何时，但一般认为始于威廉三世在位统治的后几年，之后继位的安妮女王的首席园艺师亨利·怀斯最终将迷宫完成。迷宫占地 1350 平方米，并不是规模最大的，多条小径的总长度为 800 米，曲折迂回，最后走入无路可走的死胡同。抵达迷宫中心的平均时间在 30 ~ 45 分钟。1838 年，这组花园首次对公众开放，时至今日，花园里的这处迷宫仍是游人的向往之地。

英国萨福克郡奥尔德堡的红房子

本杰明·布里顿的花园

多年来，这座红房子的后花园举办过大量聚会。今天，游客们可在那里野餐。

英国作曲家本杰明·布里顿出生于 1913 年的今天。1957 年他与朋友彼得·皮尔斯共同拥有了这座带着一座大花园的宅邸。客人在花园可以消遣娱乐，可以玩槌球、打网球，这里还种着许多蔬菜。宅邸有一座前花园，布局规整，植被简单，与这座宅邸互为补充。居所内设有一个大工作室，是布里顿的主要工作空间。在居所外，他用砖和波形瓦修建了一个带屋顶的花园遮篷。这样，除了屋内的创作室外，他还把遮篷作为晚年音乐创作的另外一处场所。宅邸由于其独特的历史价值而被列为二级保护文物，远远超出一座普通建筑物的意义——他在这里创作了《魂断威尼斯》《淮德拉》和《第三弦乐四重奏》等名曲。

威廉·莫里斯的"棚架"（1862）

一座壁纸花园

这幅壁纸也给莫里斯在伦敦东南的居所花园红房子（与对页看到的红房子不是同一处）提供了启发。

这个花园棚架是一幅早期木版印刷的壁纸，是威廉·莫里斯为他专门修建的居所而设计的，即由建筑师菲利普·威布设计的伦敦东南拜克斯利希斯的红房子。莫里斯修建了这个棚架，确立了花卉格调。鉴于莫里斯酷爱鸟类，要求威布设计了这些鸟。莫里斯的做法迅速被公认为莫里斯公司的经典风格，它引入了花园棚架和摆在棚架上的被修剪的植物，在中世纪和都铎王朝时代的许多花园插图中能够见到。

澳大利亚悉尼的红色花园

逼真的雕塑花园

詹森·布施拍摄的这幅照片表现了花园里景观美化与植被的牢固关系。

这里更像是一座逼真的雕塑，倒并不像一座花园。这座花园由捷克景观建筑师弗拉基米尔·西塔设计，贝茨景观公司完成施工，展示了土地、火、空气和水等诸多元素，它们已经变成西塔作品的鲜明标志。虽然植物在他设计的众多花园中并不总是占据首要地位，但澳大利亚的自然特征是他获得灵感的取之不尽的一股源头活水。取自澳大利亚中部的红色岩石制成了砖墙，有棱有角，有些截面向上方突出，像是在对大地进行雕刻。在这座引人注目的花园，砖墙的红色抵消了铺就了的平地的浅淡，稀疏的植被反而被衬托得更加醒目，整个布局均衡谐美、和合共生。

埃及花园陵墓画（公元前1350）

古代花园

奈巴蒙的花园被描画到他自己陵墓的墙壁上，这样，他就能在来世继续享受。在画的右上角，丰收的果实环绕着埃及榕树女神。

这片古墓画碎片展现了奈巴蒙的花园水塘，他是第18代王朝富甲一方的埃及财政总管。水周遭的外部树篱中有一些枣椰树和埃及榕树，内边界表示这座水塘的四周长着许多较小的植物，水塘里有活的鱼和家禽。古埃及花园有3个当今很多花园仍然在应用的元素：一堵用于封闭场地的墙或树篱、生命之源——水和大量植物。这些因素通常又与可收获食用果实的众多树木和观赏性花卉融合在一起。

埃及花园的建造成本昂贵，其远离尼罗河的所在地气候极不利于植物生长。作为日常生活中地位和财富的标志物，花园的形象与样式会出现在精心修建的奢华陵墓中，以便这些人世间的珍宝和财产能在来生永远陪伴着墓地中的这位逝者。

英国诺森伯兰郡的克莱格塞德花园

使用可再生能源的花园

英格兰诺森伯兰郡莫珀斯市克莱格塞德花园的业主威廉·阿姆斯特朗勋爵出生于1810年的今天。作为一位实业家、工程师和发明家，他发明了一种发电机，能利用从他的花园的水所产生的动能发电，为自家宅邸提供照明。

有人把克莱格塞德花园称作"现代魔术师宫殿"。地处陡峭山地的宅邸景色优美，在阶地上的维多利亚时代风格的几座花园里，花坛像地毯一样铺满了地面，高高的针叶林树下栽植着一片片的杜鹃花、簇生的蕨类植物，还有一些岩洞散布其中。

德国波茨坦市卡尔·弗尔斯特花园

地球母亲的缕缕发丝

上图：此处显示的是秋季卡尔·弗尔斯特花园的下沉花园。

对页图：在通往克莱格塞德宅邸的途中，要通过架在德布顿小河上的这座铁桥。

卡尔·弗尔斯特是一位有影响的苗圃主人，一位敢为人先的植物培育者，他引入了植被设计的一种新思路。这种下沉式花园表现出他把建筑式植被风格与自然植被风格相互结合、融会贯通的理念，弗尔斯特在这处场地呕心沥血，锲而不舍钻研园艺将近60年。

弗尔斯特对培植耐寒的多年生植物尤其上心，如紫菀，并观察植物群落的组合在种植后的表现。最为人们熟知的是他擅长利用许多装饰性草地。在他的许多植被方案中，他把这些草地描述为"大地母亲的缕缕发丝"，特别是芦苇草地与他的英名紧密相连。卡尔·弗尔斯特于1970年的今天永别人间。

意大利利古里亚大区萨沃纳市的无人花园

我们身下的一座水中花园

莴苣在海平面下6米处生长。

这座花园是第一家在水下生物圈中种植陆生植物的花园。塞尔吉奥·甘贝里尼是一家潜水设备公司的创始人,酷爱园艺。他发现这些适合罗勒植物的完美生长环境后,触发了灵感:建设这座创新性的花园,把他的两项爱好——潜水和园艺连在一起。

2012年,这个项目开始启动。充满空气的透明生物圈通过许多链条固定在海面下6米的海底。这些植物生长在没有土壤的介质中,有些是在营养液中栽培的,用聚集在生物圈中的水保持湿度。花园每日的维护工作由计算机控制,能够自持运转。植物在这里能免受极端温度的肆虐,蓝色海水还将阳光过滤,因此植物在这些微型温室中长势良好。

国际空间站的花园

我们头顶上空的一座花园

萵苣在地球表面上方400千米的太空生长。

国际空间站上这个花园的正式名称是"蔬菜生产系统",但最好还是称为"veggie"妥当些。设置这个系统的目的是协助美国国家航空和航天局研究植物在太空的生长情况,与此同时还能一举两得,为宇航员的食谱中增加新鲜食物。除了它的实用性功能外,地球上的园艺在心理上给人带来的诸多益处,宇航员在太空中能够同样获得愉悦和一种幸福的感觉,这两种感受能够相互强化,形成马太效应。随着太空旅行的进一步扩展,在一个零重力、全封闭、无阳光的环境中种养植物的重要性愈加凸显,这就是园艺的魔力。

英国敦罗宾城堡

苏格兰的"凡尔赛宫"

白雪皑皑的敦罗宾城堡花园。这些花园每天都举办其最有特色的一项活动，即展示猎鹰训练术。

英国萨瑟兰家族的居所敦罗宾城堡在苏格兰大宅邸中是位置最靠北的，是庆祝圣安德鲁日的理想场所，1850年，建筑师查尔斯·巴里重修了这座城堡。受凡尔赛宫花圃的启发，他设计了这些正规的阶地花园，以与这座宅邸的法式风格相呼应。

这座城堡花园有许多传说，如闹鬼。第14代伯爵的女儿玛格丽特被许配给另一位伯爵的儿子，但她早已与看管马厩的小伙子心心相印。她的父亲认为自己女儿血统高贵，不同意与穷小子谈婚论嫁，就把玛格丽特锁在这座塔楼里。马厩青年拿着一根绳子，想让心上人从塔楼顺着绳子来到这座花园，与自己一起逃走。正当玛格丽特紧紧抓住绳子向地面滑下时，被她父亲发现了，父亲强令她再爬回来。但玛格丽特表示今生誓与自己深爱的情郎在一起，宁死不屈。她松开绳子坠地而亡。据说，其鬼魂的哭泣声传到了这座塔楼附近的地方。

英国西萨塞克斯郡的伍德拜汀花园

一座特别的融合花园

伍德拜汀花园外的温室有 10 个面可以打开，温室内的植物能直接通风，享受阳光的沐浴。

多年来，斯图尔特·格里姆肖和西蒙·塞恩思伯里通过国家信托基金租赁的形式，使伍德拜汀花园得到了发展。他们与许多设计师合作，增建了颇具当代风格的小平台。近来新建了一座丝绸之路花园，园内蜿蜒曲折的小径最具特色，穿过历史上丝绸之路上 12 个不同气候的地区及其相关的 300 种植物。在花园的围墙外有一座颇有动感的温室，在其屋顶打开时呈现出莲花状。这个莲花状温室历经 6 年的设计、开发和规划，凝聚了希泽维克工作室的心血和智慧，才实现了格里姆肖的愿望。菲利普·杰布又增建了一个威廉·派伊式水雕塑和新古典主义风格的亭阁，这两个新建筑是为了提醒人们不要忘了那些枯死的大树。在伍德拜汀，美国设计师兰宁·罗珀设计的多条草本绿化带与一个受 19 世纪景观花园影响，由朱利安·班纳曼和伊泽贝尔·班纳曼设计的休闲花园区相融，浑然天成。

335

12月2日

安藤广重和歌川国贞的《雪中乐园》(1854)

一座印制的花园

这幅画表现了白雪皑皑的花园一景，是这套讲述《偐紫田舍源氏》故事为背景的三联画的中幅画。画面展示了飘落的雪花为一座日式花园增添了别样的风情。雪还凸显了石灯笼，使树干的雕塑般形状更加抢眼。再看那些修剪过的树枝，由于白雪的衬托，本已盛开的朵朵鲜花显得更加丰沛；蔚蓝色小溪又给寒冬的园景增添了某种富有朝气的注释，别有一番滋味。

12月3日

英国民众宫

玻璃房中的冬季花园 2

1898年，苏格兰格拉斯哥市的民众宫对公众开放，冬季花园是其中一部分。这栋巨大的玻璃温室被用作音乐会场，是一座受欢迎的城市公共花园，园内种植着很多外来树种，如棕榈树。1944年，这座花园变为该市的社会史博物馆。在本书（英文原版如此表述。——编辑注）出版时，该花园已关闭，但有关方面承诺将会重建。

英国的绿岛花园

常青的冬季花园

上图：软金缕梅是第一种在此开花的金缕梅属植物。

对页上图：安藤广重和歌川国贞创作了《雪中乐园》（木版画印刷品，1854）。

对页下图：2021年，从空中拍摄的这座冬季花园的一幅照片。

对11月的下半月、12月和1月来说，弗朗西斯·培根的花园日历要保证鲜花开遍四季的理念就是倡导植被"冬季也要常青"。在培根所处的17世纪初叶，人们对年初开花的植物了解不多。即使暖冬以前，冬季花园里也有许多能在每年早些时候开花的灌木，如美丽野扇花、蜡梅和金缕梅。金缕梅的花朵长在光秃秃的树枝上，形状古怪，像个蜘蛛，但气味芬芳，使这座冬季花园色彩斑斓、芳香扑鼻、仪态万方。

位于英格兰埃塞克斯郡科尔切斯特市的绿岛花园，是拥有英国国家收集金缕梅的机构之一，大约有100个不同品种。花卉颜色从亮光铜色到红色，从橘红色到浅黄色；根据花的色彩明暗度不同，香味从辛辣的桂皮味到强烈的柠檬味。开花之前的叶子则变成朝霞般的秋季色调。

12月5日

英国格洛斯特郡的希德考特庄园花园

分割为若干空间的花园

1907年，劳伦斯·约翰逊买下希德考特庄园后，种植了数千米长的不同树篱，把这座花园分割为不同空间。他生于美国，后加入了英国国籍，虽然未受过专业训练，但对设计和种植技术有非同一般的感悟力。

1948年，英国国家信托基金专门收购了这座特色花园，希德考特庄园成了这个项目的第一个基金财产。近年来，这座花园又恢复了约翰逊最初的理念"一种正规布局的野生花园"。作为20世纪最有影响力的花园之一，希德考特庄园花园成为众多园艺师的灵感源泉。

在希德考特的白花园，在修剪成鸟类形状的树篱上有白霜。据说这座花园激发了维塔·萨克维尔－韦斯特在锡辛赫斯特城堡花园设计上的灵感（参见第166～167页）。

12月6日

美国科罗拉多州的贝蒂·福特高山花园

落基山脉的一座花园

在北美，对于一座植物园来说，贝蒂·福特高山花园的海拔最高。这座花园位于美国科罗拉多州韦尔镇，但该镇最著名的还是滑雪胜地。建这座花园的目的是在林木线之上和脆弱的山地环境中促进对植物的保护。

为了展示高山植物的千姿百态和多样化，贝蒂·福特高山花园设置了不同的区域，而落基山脉成了这些区域的理想背景。

12月7日

英国教士团花园

拥有900年历史的花园

隐藏在英格兰威斯敏斯特大教堂管辖区内围墙中的这座花园，种养树木已经有900多年的历史。建于1376年的一堵墙是目前幸存部分中年头最久的。历史上，负责园艺事物的修道士们种植了多种蔬菜、药用植物和一些观赏性植物，不过他们还必须参加每日的祷告仪式。如今，专职园艺师们承担了这些传统工作，栽培类似植物。

雪人
雪人花园

上图：美国亚利桑那州，少见的一次雪后，一个普通"后院"出现了雪景。

对页上图：在冬季，这座花园对游人开放，但不会维护园内道路。

对页下图：白雪覆盖的教士团花园。

第一场雪后，男女老少都会迫不及待地奔向花园堆雪人，这是业余雕塑家们梦寐以求的创作手段。据说，最初造雪人的目的是抵御冬季精灵。关于雪人的早期记录似乎出现在1380年完成的一部手写祈祷礼拜的插图指南中，但这很可能是有艺术天分的修士们为了搞笑取乐，在手稿的空白处画上的，由于这个雪人靠近一处火源，看起来融化了一半。

传统的两个或三个球的雪人形状比较简单，一般是为了消遣。历史上的做法是用几个煤块来充作眼睛和嘴巴。给雪人安一个尖鼻子也是全世界的通行做法。在1943年拍摄的德国动画片《雪人》中，最早出现的一批雪人当中，有一个安了个胡萝卜鼻子，非常有特色。这个短暂出现的角色有自己的个性，令观众喜爱不已。

澳大利亚维多利亚州的葡萄园花园

一座融合花园

2008年，在蒙提·唐拍摄的BBC电视系列剧《全世界的80所花园》中，这座花园赫然在列，之后便蜚声海内外。

1994年，黛·约翰逊和道格·约翰逊把传统的欧洲设计与一种现代澳大利亚理念相结合，修建了这座位于澳大利亚维多利亚州穆尔若达克郊区的葡萄园花园。从整形绿篱到另外一个只种植澳大利亚本土植物的特色区域，这种结合非常圆满顺畅。整形绿篱起到草坪分界线的作用，修剪好的澳洲赤楠，就像一个个哨兵，为一座规整的花园空间增添了常青的结构。从这所宁静的花园平地望去，掠过一片草坪，这座葡萄园会自然而然地映入人们的眼帘。

新西兰马塔马塔镇的霍比特花园

众花园之主

霍比特人电影场景现在是一处热点旅游目的地。

约翰·罗纳德·瑞尔·托尔金幻想的霍比特洞穴场景在一处现实中的牧羊场变为现实,美丽的新西兰景色环绕着这个牧场。这些霍比特人在巴格肖特街的穴居在《指环王》和《霍比特人》两部电影三部曲中仍在使用。1999年,拍摄第一部《指环王》时修建的原始房屋外景中的一部分保留了下来。10年后,霍比特人的穴居数量增加了不少,在《霍比特人》中展现许多十分神奇的情节,穴居终于完成了使命。漆成明亮色彩的这些前门以及许多漂亮的小屋花园添加了一丝熟悉的气氛,尽管这些场景同时又被转换到一个截然不同的世界。

英国赫特福德郡的亨利·摩尔花园及创作室

"赫赫有名"的花园失窃案

1962年，亨利·摩尔铸成了这个作品《倾斜的人物》，被摆放在英国诺维奇市的塞恩思伯里中心。

谁能比创作这些享有盛名的作品的雕塑家更有资格在花园和风景区里摆放雕塑？在1940年的一次空袭中，亨利·摩尔及妻子伊丽娜在汉普斯蒂德的居所遭到破坏，随后他们迁至赫特福德郡佩里格林。这里的花园靠近住处和创作室，面向外部乡间的视野更为开阔。

纪念性的较大型作品都要有固定的永久展示场地，这由摩尔决定，而较小雕塑的展示地点根据具体情况而定。所有的雕塑都以园林植被和周围的乡村景观为背景。

近20年来，盗窃公共雕塑的事件不断增加，杰出艺术家的大型作品未能幸免。摩尔的《倾斜的人物》（1969～1970）的复制品一直摆放在这座公园，直到2005年12月被盗，至今仍杳无音信。这件大型作品长3.6米，重达2.1吨，要移动它必须使用一台吊车，工作量着实不小，看来盗贼们事先已进行详细而周密的策划。

《汤姆的夜半花园》（1958）

一座月光下的花园

图为2008年版《汤姆的夜半花园》的封面。

　　每晚的这个时候，汤姆都悄悄溜下楼，走到这座花园。起初，他还不确定到底是不是这里。有一次，他把手放到了花园门上想要打开，又缩了回去，每次想到不是这里的时候，他都感到非常沮丧。

　　　　　　　　　　　　　——选自《汤姆的夜半花园》的第6章

汤姆的哥哥患了麻疹后，汤姆就与姑妈和姑父的住处隔离了。他很想家，患上了失眠症。一天晚上，他听到公共走廊的钟敲了13下。汤姆想探个究竟。这时，他发现了一个通向一座花园的门，这是他首次看到一个并不存在的地方，尽管以前别人跟他说起过。因为他的姑姑和姑父住在一套公寓里，过去是一栋老旧大别墅的一部分。

　　汤姆每晚都过来，对这座花园着了迷，他在那里遇见了别的孩子们，跟他们在一起很开心。花园每晚的外观都会发生变化，代表着季节的更替。《汤姆的夜半花园》是一个精心构思的故事，表现了花园影响人们情绪的神奇强大力量。

12月13日

美国纽约市的麦迪逊广场花园

不是花园的花园

这是一座最知名的没有任何花园的"花园"。在北美，关于花园的一种替代性定义就是大型公共场所。第一座"花园"位于东 23 街和麦迪逊大道交叉点，是著名的马戏团老板 P.T. 巴纳姆于 1874 年创建的。在巴纳姆之后，这处活动场地转手了几次。最后，建筑师斯坦福·怀特受托设计一座摩尔风格的城市展示作品。他设计了这里的第二座花园，因他在演出中被枪杀而闻名。

12月14日

英国谢菲尔德市的谢菲尔德冬季花园

玻璃房中的冬季花园 3

在过去 100 年里，英国修建了许多可调节温度的玻璃温室，这里介绍的是其中最大的温室之一。这是一座冬季花园，也是一个内城重建项目的组成部分。其抛物线形木质结构是由一种称为"胶合层木"的胶合薄片工艺构成的，木材采用可持续森林中的落叶松。精细的建筑管理控制系统能保证来自全球的 2500 种植物全年正常生长。

《飘》（1939）

塔拉花园

上图：薇薇安·李一路小跑，穿过塔拉花园。

对页上图：1900年拍摄的一幅第二座麦迪逊广场花园的照片。

对页下图：谢菲尔德冬季花园可提供5000个普通的室内花园温室。

塔拉花园在《飘》中起到了核心作用。一般而言，从畅销书改编而成电影，通常很难刻画剧中重要的人物角色。景观建筑师弗洛伦斯·约奇根据这部备受追捧的畅销书的描述，囿于有限的预算，在好莱坞的一处摄影场建造了这座花园。

约奇设想这座花园应当更温馨、浪漫，减少花园外观的人工斧凿痕迹。他在仔细研究了佐治亚州的许多花园植物后，让加州的植物出现在银幕上，像乔木、灌木，能达到以假乱真的效果，还有这个南部州的攀缘植物，由此可见，道具部门的艺术效果非常重要。约奇在园艺这个行当做得红红火火，声名鹊起，渐渐吸引了大量的客户，其中就包括众多好莱坞明星和电影界大亨。

1939年的今天，电影《飘》在美国公映，1940年4月18日在英国上映。

《彼得兔的故事》(1901)

麦格雷戈先生的花园

这张 1902 年版的《彼得兔的故事》插图表现了彼得兔正在麦格雷戈先生的花园里津津有味地嚼着萝卜。

1901 年 12 月 16 日,毕翠克丝·波特(参见第 168 页)出版了《彼得兔的故事》。书中塑造了这只叫彼得的兔子的形象,描述了它的家庭与麦格雷戈先生及其花园的关系。彼得兔的原型是波特小时候的一只宠物兔,她走路时经常带着它。但麦格雷戈不是其生活中的真实人物,可能是波特学习真菌的导师查尔斯·麦金托什和从前的房东阿索尔·麦格雷戈的混合体。

彼得兔的母亲教导孩子们不要跑进这个结满果实的花园,因为它们的父亲被园丁逮住了,结局很悲惨。彼得兔的兄弟姐妹都听进去了,不敢踏入花园半步,但彼得兔把妈妈的告诫当作了耳旁风。麦格雷戈是否正在巡护自己的花园或者只是一个受雇的园丁,在书中并没有交代清楚。书中其他插图表明这座围栏式花园,开有一个门,有多个黄杨树篱花坛和一个池塘,浇水用的水罐可以在池塘盛水。至于各种各样的野生动物进入花园,园丁们往往不会太介意。

英国北安普敦市的兰伯特庄园

第一个花园保护神

在兰伯特庄园，朗佩掩映在雪花莲中。暖冬使雪花莲在12月初就能开花。

园艺师兼地主查尔斯·艾沙姆出生于1819年12月，在英国，他因第一个引进花园保护神而闻名。保护神被放置在他非同一般的假山庭园，他有意把这座花园建得靠近住处，这样他在自己的卧室就能一眼看到花园。建园工程始于1847年，岩石高7.3米，长27米，宽14米。里面有一个微缩的山景、许多的栽植孔和错综复杂的山洞，这些都是他40多年来亲自一点一点日积月累地建起来、种植的，而且他有意循序渐进地慢慢这样做。他了解到德国民间传说中描述了山神，因此他对花园保护神的兴趣与日俱增。大约在1874年，第一批陶瓷做的微型保护神开始出现在这座假山庭园内合适的位置。艾沙姆死后，据说他的家人用气枪射向这些花园保护神。朗佩是艾沙姆收藏的保护神中唯一的幸存者，就在兰伯特庄园内安居。人们对花园保护神的看法莫衷一是，不过时至今日，英国皇家园艺学会切尔西花卉展仍严禁保护神出现在展览上。

日本石川县金泽市的兼六园

六珍园

雪中的这座花园壮美、秀丽。画面的左上方就是雪吊。

这座花园遵循了中国古典景观思想：欲建一座完美的园林，6 个特征必不可少，即宏大、幽邃、人力、苍古、水泉、眺望，因而取名兼六园。作为日本最精美的景观花园之一，兼六园种植着许多应季开花的树木。

偶像般的潇琴次灯笼是这座花园的象征。其与众不同的外形和显得不均衡的支撑使灯笼更为醒目。如果有一个支撑被损坏，也不会修复，但会将一种残缺的美保留下来——侘寂。

这座花园全年都有出彩之处，冬雪更会凸显出独有的韵味。其闻名之处是雪吊的使用。这是利用藤条和绳索来保护树枝的一种做法，以防止积雪压断树枝。

英国肯特郡海厄姆村的加兹山园

一个扁平包装的圣诞礼物

查尔斯·狄更斯在加兹山的瑞士小屋，他在此写作。此照片摄于1906年。

1843 年的今天，狄更斯的小说《圣诞颂歌》首次出版。这部书是他住在伦敦道蒂街时创作的。1856 年，他买下加兹山园并搬到了那里。1864 年，有 58 个箱子运到了他所在地的火车站，这是他的演员朋友查尔斯·费克特送给他的一份特殊圣诞礼物。费克特帮忙把 58 个箱子里的这些物品在花园被称为"荒地"的地段组装成这座瑞士小屋，从此瑞士小屋就变成了他的创作室。想要去自己的创作室，狄更斯必须穿越以前修建的一条隧道，这条隧道位于繁忙的公路下面，这条公路把"荒地"与主花园分割了开来。所以，创作室的地理位置能确保他的写作不会受到干扰。

这条隧道至今仍在加兹山园保留着，但激发狄更斯创作灵感的瑞士小屋已被搬迁到位于罗切斯特的东门住宅（一座 16 ~ 17 世纪的精美建筑）的花园，现在是维多利亚时期小说家狄更斯的一座生平与作品博物馆。

圣诞红花园

神圣夜之花

在一处墨西哥花园，圣诞红长得很大，犹如大型灌木。

圣诞红是南美和墨西哥的本土植物，对阿兹特克人来说这是一种纯洁的象征。圣诞红的植物学术名称是 *"Euphorbia pulcherrima"*，意为"最漂亮的大戟属植物"。它的通俗名字是经乔尔·罗伯茨·波因塞特演化而来。1825 年，他是首位美国驻墨西哥大使，同时也是一位植物学家，把许多植物运回自己在南卡罗来纳州的家，他在那里建有几座玻璃温室。

在墨西哥，有一个家喻户晓的传说，圣诞红被作为挺拔的花园植物栽种，又称为"神圣夜之花"或"圣诞夜之花"。在圣诞夜的教堂礼拜仪式上，一位贫穷的年轻姑娘身无分文，没有任何东西奉献给婴儿时期的耶稣。她的表姐告诉她，一个人只要打心眼里敬爱耶稣，即使是最简单的礼物都能表示虔诚，都会令他开心。这个姑娘从路边拔了一把野草，精心编成一束，敬献在饲料槽旁，这些野草猛然间变成了鲜红的花朵。目击者都认为这是一个神迹——圣诞红这个名字由此而来。

装饰大厅

永生的浆果

在一处美国花园，冬青长得像灌木一样大。

用冬青树枝装扮大厅的传统可以追溯到古代。对德鲁伊教徒来说，冬青象征着丰饶和永生，如果砍断一棵冬青树被认为会带来噩运。但在冬季砍一些冬青树枝与其他常青植物一起装饰房间据信会带来好运，而且还寓意来年春天会有美好的新生活。对于古罗马人来说，冬青是农业之神土星的一个象征，每年会在 12 月 17 ~ 23 日庆祝农神节。节日期间，人们会把冬青挂在正门的上面，希冀带来好年景。

广为流传的颂歌"扮靓大厅"的歌词是苏格兰音乐家托马斯·奥利芬特翻译的，于 1862 年首次出版。它的旋律要回溯到 16 世纪的一首威尔士新年之夜颂歌《装饰大厅》。

公园的节日之夜

灯光扮靓的花园

位于基尤的英国皇家植物园，圣诞节的一个梦幻美景（参见第275页）。

许多大型花园会在节日期间安装灯饰，形成光影，营造出一个奇妙的夜色盛宴，即使是在寒冷的冬至——一年中白昼最短黑夜最长的阶段。无论是罗马欢庆神农节，还是非基督教在每年这个时间的节日，灯光都是一个重要的组成部分。这一天在非基督教的一些年历中意味着新年伊始，自此白昼变长，黑暗转向光明。

许多著名花园的远景和知名的景观在夜间灯饰的映衬下，显现出一种迥异的视角和梦幻般的全貌。在自家花园，即使是在一棵树上装点最简单的上射灯光也会使年中的任一夜晚韵味十足，非同一般。

圣诞树灯饰
一种装饰传统

英国杜克斯伯里镇附近布莱顿的诺顿村，一棵圣诞树在图示的庄园外点亮。

1879 年，美国发明家托马斯·爱迪生发明了白炽灯灯泡，并取得了专利。在 1880 年圣诞节，他把一串灯放在一起，横挂在他在新泽西的实验室大门口，为他的生意做广告。不过在 1882 年，却是爱迪生的朋友兼业务合伙人爱德华·约翰逊自己用导线接上了第一串红、白和蓝色灯泡，并环绕在他家的圣诞树上——这棵树也像是在转动。但是这种做法在当时花费不菲，直到数十年后才有更多的家庭接通了电力。

还是在美国，萨达卡家族拥有一家新颖的照明公司。1917 年，纽约市由蜡烛引发的一场灾难性的大火后，家族中十几岁的男孩阿尔贝特建议他们的店铺应当为顾客提供用于装点圣诞树的亮灯串。不过，真正的室外灯要等到大约 10 年或 10 年后才出现。自 1998 年开始，节能高效的 LEDs 成为圣诞树照明的绝对主力，LEDs 比之前承担这种角色的任何一种灯的使用寿命都长，而且还能循环使用。

355

《美好人生》(1946)

一部精彩的圣诞电影

乔治·贝利与他的守护天使克拉伦斯·奥德博迪交谈，克拉伦斯·奥德博迪正站在他家的台阶上。我们能看到一个圣诞花环挂在他家前门的里面。

　　想起家，人们就会感到花园是其中的一部分。对很多人来说，回家举办庆祝活动是天大的事情。圣诞夜，乔治·贝利被乱七八糟的事搞得焦头烂额，郁郁寡欢，真希望自己没在这世上走过这一遭该有多好，他不想活下去了。乔治·贝利的守护天使阻止了他的自杀，向他展现要是他从没来到这世界，对他的家庭、朋友和家乡来说，生活会是什么样子。这个经历让贝利明白他的生活还有很多奔头，即使攸关他身家的财富打了水漂，他也恳求守护天使让他恢复到自己的真实生活状态。最后，他愉快地回归自己的家庭和"通风良好的"老宅。

　　1946年，《美好人生》上映时，票房收入一开始并不理想。随着它的版权失效，这部电影成为最受欢迎的圣诞电影之一——一部每年都要再看的电影。

圣诞花环
喜庆的前门

在美国马萨诸塞州马撒葡萄园岛，前门上悬挂着两个圣诞花环。

花环起源于古希腊和古罗马时期，用来颁发给竞赛中的优胜者、举足轻重的政治家；在重要的活动中，花环还会摆放在入口处。在基督教传统中，它的圆形形状没有起点和终点，象征着永恒的生命。在更久远的时期，把绿色植物带回家和带到教堂代表着春天——生命的本质，会再次到来。今天，在前门悬挂花环是把喜庆时节的室内装饰延伸到室外的一种手段，同时欢迎客人们一起欢度佳节。

瑞士维尔德斯维尔的施尼格普拉特高山植物花园

一座冬眠的花园

这是 8 月的施尼格普拉特高山植物花园，再过几个月进入冬季，花园就关闭了。在这个日子，只有野兔和黑松鸡才会经常到此光顾。

想要来到这座花园，唯一的途径就是搭乘前往施尼格普拉特火车——一张车票包含了花园门票。花园每年 7 ~ 10 月对外开放，到了冬季，它也要进入"冬眠"状态，不再接待客人了。厚厚的白雪像一床毯子覆盖着整个花园，不过高山植物适应了这里的环境，来年还会再现郁郁葱葱、五彩斑斓的盛景。这里有一种独特的风光，海拔接近 2000 米，在瑞士境内的阿尔卑斯山有超过 750 个本地物种，这些植物自然生长，形成了一个一个的植物群，映衬在艾格尔峰、门希峰和少女峰壮美秀丽的景色之中。在一处天然阿尔卑斯山环境中建造一座高山花园，这是一种兼收并蓄的理想方案，要是能实现的话，花园可以开放到仲冬的后期。

英国萨里郡的黑湖小屋

彼得·潘的花园

卢维林－戴维斯一家中的5个孩子为J.M.巴里的《黑湖岛的漂流孩子》代言，图中为其中的3人。此照片摄于1901年。

黑湖小屋是作家J.M.巴里和妻子玛丽·安塞尔（参见第42页）度周末的居处。1901年夏天，卢维林－戴维斯一家到这串门，夫妇两人同他们的5个孩子在这座花园里戏耍，这个场面引得巴里要营造一个充满刺激和戏剧性的假想世界。他用照相机抓取了这家人游戏的一些瞬间，并因此产生灵感，创作了剧本《彼得·潘》。1904年的今天，这部戏在伦敦的约克公爵剧院首次上演。

J.M.巴里为了描写与卢维林－戴维斯家的孩子们在花园玩耍的情景，出版了《黑湖岛的漂流孩子》一书的两个副本，照片中间的儿子彼得还做了序言，他是剧中人物彼得·潘的原型。巴里的副本收藏在一位私人收藏家的手里，彼得的父母西尔维亚和亚瑟遗失了他们手里的副本。

澳大利亚悉尼皇家植物园
杯盏式结构

杯盏式建筑的内部
空间在悉尼火红的
晚霞映衬下散发出
耀眼的光芒。

皇家植物园坐落在卡迪加尔人的土地上，是澳大利亚最早的科学机构，也是南半球最早的植物园之一。原住民和第一农场（首个意外撞见的花园）是首支舰队搭载的外来者于1788年登陆的地点，也是他们第一次尝试种植引进的作物的地点。尽管这座花园的丰富历史就始于1788年，但其正式奠基日是在1816年，那一年，麦格里路建成。

2016年，为了纪念这座花园建成200周年，有关方面举办了多种庆祝活动，包括安放原住民艺术家乔纳森·琼斯的作品《皮肤与骨骼》和这座杯盏式建筑的开放。这座结构十分抢眼的建筑象征着花苞周边的保护层，是花园活体收藏的展示场地，还是举办教育活动和专项活动的场所。这座杯盏式建筑位于悉尼的正中心，是在20世纪70年代一座金字塔式玻璃温室的原址建设的，迄今它仍然具备不凡的历史前瞻性。

360

《约翰·伊弗林在他的花园里》（1937）

冬青树篱花园

杰弗里·凯恩斯对约翰·伊弗林进行了研究，英国木刻画家格温·雷夫拉特为杰弗里·凯恩斯的这项研究创作了这幅插画，并于1937年出版。原画的尺寸为15厘米×14.5厘米。

约翰·伊弗林是一位作家和园艺师。英国内战后，在欧洲游历的他对艺术和科学感兴趣。1653年返回英国后，他成为英国皇家学会创始理事会的成员之一，在自家建造了一座名为"塞耶斯庭园"的花园，距德特福德的皇家造船厂很近。

1698年，彼得大帝在这家皇家造船厂学习造船技术时，就住在约翰·伊弗林的庄园里。彼得大帝在他的短暂逗留期间，庄园遭到了严重损坏。伊弗林在日记中记载，当他看到自己引以为豪的冬青树篱被破坏时，万分恼火。他精心养护这些树篱20年左右，长122米，高2.7米，宽1.5米，差不多能算上"固若金汤"了。彼得大帝及其随从曾在这里嬉戏，用多辆独轮手推车装上人，直接冲向树篱。这一定是当时大受欢迎的一种游戏——伊弗林的日记上说树篱都被夷为平地了。

美国亚利桑那州的沙漠植物园

灯光之夜

在沙漠植物园，传统的圣诞装饰灯为节日灯光照明增添了一种别样的光晕。

在美国亚利桑那州凤凰城的沙漠植物园，庆祝圣诞节的传统做法是用灯点亮夜空，就是只在圣诞节的前后几个夜晚，用圣诞装饰灯点亮公园的条条小径。在那些夜晚，一连串的圣诞灯和音乐表演增添、烘托了节日气氛。圣诞装饰灯是传统的纸做灯笼包，里面装上沙子压住，用许愿灯点亮用以照亮植物园的多条小路，同时在夜间也勾勒出不同建筑物的轮廓。这种做法的文化起源要追溯到从墨西哥的普韦布洛人和美国新墨西哥的西班牙人。

在烈日炎炎的那几个月，沙漠植物园在夜间也会开放，游人可在园内乘凉，这时的沙漠野生生物会使植物园内的各类植物展现出别样的风韵。

苏格兰爱丁堡市王子街花园

苏格兰除夕时的花园

新年前夜，焰火表演把王子街的圣诞市场照得斑斓绚烂，流光溢彩，亮如白昼。众多花园和条条大街熙熙攘攘，到处都是音乐家和其他演艺人员，为数万之众纵情狂欢喜迎新年的人们助兴添彩。

这些花园组成了一座重要的城市公园，游客们经常点赞王子街是世界上最艳丽的美景之一。王子街花园建于爱丁堡最大的湖之一诺尔湖干枯之时，它把旧城和新城分隔开来。从中世纪到 19 世纪，据说这座湖是"躲避女巫"之地。

每年 11 月末，这些花园被打造成欢快活泼的冬季世外桃源，有一座圣诞市场、圣诞摩天轮、圣诞乐园和所有的季节性狂欢活动，成为旅游观光胜地。这里是爱丁堡市每年举行传统除夕庆祝活动的场所，人们在此尽情狂欢，辞旧岁、迎新年。

索　引

366

371

致　谢

世界各国无数的人用其技巧和创造力构思、设计、建造并栽植大地上美轮美奂的花园，还有大量的人在从事花园的培育、生长或复原的工作，倘若没有他们的杰出贡献，要完成本书可谓天方夜谭。我要感谢许许多多的艺术家、摄影家、作家等，他们将花园作为人们灵感的源头活水，更为本书提供了源泉。

我要向蒂娜·佩尔绍德（Tina Persaud）表示衷心的谢忱，正是她委托我撰写"……一天一……"这样一个新颖的系列。克丽丝蒂·理查森（Kristy Richardson）和哈蒂·格里尔斯（Hattie Grylls）承担了编辑输入工作，她们的辛勤付出总令我感动。我的妹妹和妹夫朱迪思和凯文（Judith and Kevin）给予了我巨大的支持，我爱他们。最后，我要感谢亲爱的读者，感谢你们能够耐心倾听我的发现和叙述，这份情感同样发自内心。

图片提供方

我们会尽一切努力联络版权所有者。如果您有本名单的任何信息，请联络出版者。